Klaus Fischer

Feuerwehrfahrzeuge

im Landkreis München

Die FF Ottobrunn stellte 2006 ein HLF 20 und ein TLF 24/50 in Dienst. Beide lieferte die Firma Ziegler

Verlag Podszun-Motorbücher GmbH
Elisabethstraße 23-25, D-59929 Brilon
Herstellung: LUC Medienhaus, Greven
Internet: www.podszun-verlag.de
Email: info@podszun-verlag.de
ISBN 978-3-7516-1066-7

Klaus Fischer

Feuerwehrfahrzeuge

im Landkreis München

Inhalt

Vorwort	5
Grußwort des Kreisbrandrats	6
Der Landkreis München	8
Die Feuerwehr wird mobil	12
Fahrzeugentwicklung bis Mitte der 1940er Jahre	15
Fahrzeugentwicklung in der Nachkriegszeit	19
Führungswagen	23
Mannschaftstransportfahrzeuge	51
Tragkraftspritzenfahrzeuge	61
Mittlere Löschfahrzeuge	67
Löschgruppenfahrzeuge	70
Tanklöschfahrzeuge	125
Sonderlöschfahrzeuge	148
Hubrettungsfahrzeuge	153
Gerätewagen	174
Rüstwagen	187
Schlauchwagen	197
Lastwagen	200
Wechselladerfahrzeuge	213
Sanitätsdienstfahrzeuge	221
Militärische Feuerwehren	229
Brandschutzfahrzeuge bei der Polizei	237
Fotografen-Nachweis	239
Literaturangaben	239
Verzeichnis der Fotos	239

Mein erstes Foto eines Feuerwehrfahrzeugs! Bei der Segnung des TLF 16 in Hohenbrunn im Mai 1973 aufgenommen mit dem Fotoapparat meiner Mutter, einer Rollfilmkamera für Schwarz-Weiß-Filme. Rechts das 1953 bei Metz gebaute LF 8 auf Opel Blitz 1,75-Tonner

Vorwort

Jeder Feuerwehrfrau und jedem Feuerwehrmann sind die 5 W-Fragen beim Notruf geläufig: Wo ist es passiert? Was ist passiert? Wer meldet? Wieviele Betroffene? Warten auf Rückfragen. Solche Fragen stellen Sie sich sicher auch, wenn Sie in diesem Buch blättern: was steckt darin, warum wurde es geschrieben und wer hat sich diese Mühe gemacht? Deshalb die Antworten auf fünf W-Fragen zum Buch.

Was: Sie halten die erste Dokumentation der Fahrzeugentwicklung bei den Feuerwehren im Landkreis München in der Hand. Bis auf wenige Ausnahmen konnte ich seit Beginn der 1980er Jahre fast alle Fahrzeuge fotografieren. Aus Platzgründen ließen sich nicht alle Fotos in dieses Buch aufnehmen, aber von fast jeder Bauform ist mindestens ein Vertreter abgebildet. Dafür kramte mancher Kamerad in seinem Archiv oder in der Bildersammlung seiner Feuerwehr und konnte historische Fotos zur Verfügung stellen, die einen Eindruck aus früheren Zeiten der Fahrzeugtechnik vermitteln.

Wer: Aufgewachsen in Riemerling bin ich 1977 in die Jugendgruppe der FF Ottobrunn eingetreten. Einige Kameraden zeigten mir ihren Feuerwehrmodellbau im Maßstab 1:87. Wie vielen Gleichgesinnten diente mir das damals einzige Buch über Feuerwehrfahrzeuge als Vorlage. Aber für den Modellbau reichte die eine Ansicht des Vorbilds nicht aus. Wie sieht das Fahrzeug auf der anderen Seite und am Heck aus? Das musste man am Original erkunden und so fing ich an, Feuerwehren zu besuchen und ihre Fahrzeuge zu dokumentieren mit Kamera und Maßband. Allerdings erkannte ich schnell die Grenzen meiner feinmotorischen Fähigkeiten, legte Bastelmesser und Pinsel wieder aus der Hand und konzentrierte mich darauf, die Fahrzeuge zu fotografieren. Die Lust am Schreiben kam hinzu. 1982 erschien mein erster Artikel in *Feuerwehr & Modell,* einer damals populären Zeitschrift für Feuerwehrfahrzeugmodellbau. Im Jahr 2000 kam mein erstes Buch auf den Markt. Kreisbrandrat Egon Ettl wusste von meinem Interessensgebiet und bat mich Mitte der 1980er Jahre, in der neu aufgebauten Kreisausbildung im Truppmann- und Truppführerkurs den Unterricht „Fahrzeugkunde" zu halten. Nach Abschluss des Studiums der Geografie war ich während einer achtjährigen Berufstätigkeit in der Umwelt- und Landschaftsplanung auch Einsatz- und Führungskraft bei der FF Zeitz in Sachsen-Anhalt. Im Jahr 2000 nach Ottobrunn zurückgekehrt, legte das schreibende Hobby die Grundlagen für meinen weiteren Berufsweg. Nach einer Fortbildung zum Fachredakteur landete ich vor 23 Jahren als Medienreferent in der Produktkommunikation eines Münchner Nutzfahrzeugherstellers. In der Führung der FF Ottobrunn liegen meine Schwerpunkte als Hauptlöschmeister auf Öffentlichkeitsarbeit und Gefahrgut. Zudem amtiere ich seit 1993 als Schriftführer in der Vorstandschaft des Feuerwehrvereins.

Warum: Ein über Jahrzehnte aufgebautes Fotoarchiv, eine ebenso lang geführte Dokumentation über den Fahrzeugbestand bei den Feuerwehren im Landkreis München in Kombination mit der Lust, Freude und Erfahrung am hobbymäßigen Schreiben von Büchern über Feuerwehrfahrzeuge – so entstand vor fast drei Jahren die Idee, Ihnen als Leser dieses Wissen zugänglich zu machen.

Wie: Sortiert sind die bis Jahresende 2022 in Dienst gestellten Fahrzeuge nach ihrem Verwendungszweck und innerhalb des jeweiligen Kapitels nach dem Baujahr. Das vermittelt Ihnen einen Eindruck, welche verschiedenen Produkte in einer vergleichbaren Epoche bei den Fahrzeugherstellern und Aufbaulieferanten im Angebot waren. Die Abkürzungen der Fahrzeugtypen sowie die Namen der Betriebs- und Werkfeuerwehren entsprechen jenen zum Zeitpunkt der Aufnahmen.

Warten: Nein, warten müssen Sie nicht. Ich wünsche Ihnen nun viel Freude beim Lesen und beim Betrachten der Fotos. Herzlich bedanke ich mich bei allen, die mich mit Informationen und Fotos versorgt haben. Die Namen finden Sie im Fotografen-Nachweis. Ein besonderer Dank geht an Karl-Heinz Schuster aus München, der die älteren, noch nicht digitalen Bildvorlagen einscannte und mit dem Blick eines Lektors im Ruhestand die Texte zur Korrektur las. Und zum Schluss ein herzlicher kameradschaftlicher Dank an die Kommandanten, Gerätewarte und Maschinisten, die mir im Lauf der vergangenen vierzig Jahre die Fahrzeuge für die Fotos ins rechte Licht rangierten.

Klaus Fischer
Ottobrunn im Januar 2023

Grußwort des Kreisbrandrats

Foto: Claus Schunk

Liebe Leserinnen und Leser,

dieser Bildband führt auf authentische Weise vom Beginn der Motorisierung der Feuerwehren im Landkreis München und dessen stetige Weiterentwicklung bis in die ersten Jahre des 21. Jahrhunderts. Es ist sozusagen eine Zeitreise aus den frühen Anfängen mit einfacher und robuster Technik bis in die Welt der modernen Elektronik mit leistungsstarken Fahrzeugen. Die Städte und Gemeinden im Landkreis München haben über die Jahrzehnte unter dem starken Zuzug von Bewohnern und Unternehmen einen großen Wandel durchlaufen. So führte beispielsweise zu Beginn der 1970er Jahre der Wunsch nach bezahlbarem Wohnraum zur Schaffung von großen Siedlungen wie „Taufkirchen am Wald" mit bis zu 10.000 Einwohnern auf einen Schlag. Diese enormen Wachstumsraten stellten einige bis dahin eher dörflich geprägte Gemeinden vor neue Herausforderungen im Bereich der Infrastrukturen, aber auch beim abwehrenden Brandschutz.

War eine Feuerwehr mit einem Löschfahrzeug bisher ausreichend ausgestattet, so mussten nach dem Bau von großen Wohnsiedlungen mit Hochhäusern plötzlich „Sondergeräte" wie Drehleitern als zweiten Rettungsweg oder weitere Löschfahrzeuge mit Atemschutzgeräten angeschafft werden. Diese Entwicklung stellte nicht nur die Kommunen vor große finanzielle Herausforderungen sondern auch die Feuerwehren vor neue Anforderungen bei Personal, Ausbildung und Unterbringung der Gerätschaften in damals zu klein gewordenen Gerätehäusern.

Dieser ständige Wettbewerb aus steigenden Einwohnerzahlen und neuen Herausforderungen bei den Einsätzen bedingt durch Industrialisierung, Digitalisierung und Globalisierung führte die letzten Jahre zur permanenten Überarbeitung von Fahrzeugnormen. Die Welt der Feuerwehr unterliegt aber auch dem gesellschaftlichen Wandel. So waren früher jederzeit genügend Frauen und Männer bereit, sich im Ehrenamt zu engagieren oder wurden von ihren Arbeitgebern tagsüber freigestellt für Einsätze. Diese Zeiten sind vorbei, und es bedarf neuer kreativer Ansätze, um Mitglieder zu finden. Dazu kommt auch ein Umdenken in der Fahrzeugstrategie der Wehren, die immer stärker auf universelle Fahrzeugtypen setzen. Die sogenannten Hilfeleistungslöschfahrzeuge können sowohl Brände als auch Verkehrsunfälle oder technische Rettungen mit wenig Personal bewältigen. Dazu kommen verstärkt Fahrzeuge mit Wechselaufbauten, welche die großen Feuerwehren noch flexibler und leistungsstärker machen. Mit die größten Veränderungen erfuhren jedoch die Hubrettungsfahrzeuge, die hier im Bildband in großer Vielfalt vorgestellt werden.

Ich wünsche Ihnen sehr viel Freude beim Blättern durch die Epochen der historischen Entwicklung von Einsatzfahrzeugen im Landkreis München. Mein besonderer Dank gilt dem Autor dieses Bildbands, unserem langjährigen Ottobrunner Feuerwehrkameraden Klaus Fischer, der mit großer Liebe zum Detail viele Jahre an diesem Werk gearbeitet hat.

Es grüßt Sie herzlich Ihr

Harald Stoiber
Kreisbrandrat

Vor dem Neuen Schloss Schleißheim entstanden die Fotos einiger Fahrzeuge der FF Oberschleißheim, hier der im Jahr 2000 gebaute RW 2

Der Landkreis München

Der Landkreis München mit seinen 29 Gemeinden legt sich – nach Westen offen – in der Form eines Hufeisens um die Stadt München. An die Außenseite grenzen im Norden beginnend im Uhrzeigersinn die oberbayerischen Landkreise Dachau, Freising, Erding, Ebersberg, Rosenheim, Miesbach, Bad Tölz-Wolfratshausen, Starnberg und Fürstenfeldbruck an.

Topografisch bietet der Landkreis München keine Auffälligkeiten und stellt keine besonderen Herausforderungen an die Feuerwehren. Als Teil der Münchner Schotterebene vermittelt er den Eindruck einer großflächigen Ebene. Kaum merklich nehmen die Höhenwerte von etwa 620 Meter über Normalnull (m üNN) im Süden nach Norden auf etwa 470 m üNN ab. Lediglich im Süden der Gemeinden Schäftlarn, Straßlach-Dingharting, Sauerlach und Aying bringen die sanften Hügel der Endmoränenlandschaft etwas Abwechslung ins Landschaftsbild. Die mächtigen, eiszeitlich abgelagerten Kiesmassen, in denen im Süden der Grundwasserpegel bei mehr als zehn Meter Tiefe liegt, streichen nach Norden aus und gehen ins ehemalige Niedermoorgebiet mit oberflächennahem Grundwasserstand über. Der dort weit verbreitete Kiesabbau erfolgt in Baggerseen, die nach Beendigung der Auskiesung zu beliebten Erholungsgebieten umgestaltet wurden. Die im südlichen Kreisgebiet früher noch viel häufigeren Kiesgruben sind zumeist wieder verfüllt und in den Forst- oder Landwirtschaftsflächen nicht mehr zu erkennen. Wettermäßig macht sich der Luftmassenstau vor dem Alpenkamm in den Niederschlagsmengen bemerkbar. Diese nehmen von Norden nach Süden von etwa 750 mm bis auf 1.800 mm zu, was sich auch in der größeren Häufigkeit von Tagen mit Schneefall im Süden zeigt. Zu den Wetterauffälligkeiten, von denen der Süden des Kreises stärker betroffen ist, gehört der Föhn, ein warmer Wind aus den Alpen heraus.

Von Südwest nach Nordost fließt die Isar durch den Landkreis, im Süden tief im Tal eingeschnitten, im Norden oberflächennah. Große Forstgebiete – vornehmlich mit Fichten bestanden – dominieren den Süden. Der Forstenrieder Park, der Grünwalder und der Perlacher Forst sind als gemeindefreie Gebiete klassifiziert. Diese trennen die drei Würmtalgemeinden Gräfelfing, Neuried und Planegg so vom restlichen Landkreisgebiet ab, dass man sie auf öffentlichen Straßen nur über einen Umweg durch das Stadtgebiet München erreicht. Ein Großteil der weitläufigen im Süden liegenden Waldgebiete, nämlich Deisenhofener, Hofoldinger und Höhenkirchner Forst, sowie der Forst Kasten ganz im Westen wurden zwischen 2001 und 2011 den umliegenden Gemeindegebieten zugeschlagen. Viele Orte entstanden auf Rodungsinseln.

Der Landkreis wächst

Der Zuschnitt des Landkreises München hat sich mit der Gebietsreform vor etwa fünfzig Jahren stark verändert. Dieses Buch behandelt die Feuerwehren, die auf dem Landkreisgebiet in heutiger Form seit 1978 liegen. Mit der Gebietsreform kamen 1972 aus den bisherigen Landkreisen Wolfratshausen und Bad Aibling die Gemeinden Arget, Baierbrunn, Dingharting, Eichenhausen, Helfendorf, Oberbiberg, Sauerlach, Schäftlarn und Straßlach hinzu; 1978 folgte noch Neufahrn links der Isar. Aus den einstmals 39 Gemeinden bildeten sich 1974 durch Zusammenlegungen und Eingemeindungen 29 Gemeinden. Seit

Fuhrpark der WF GSF Forschungszentrum für Umwelt und Gesundheit Neuherberg im Jahr 1999 mit GW-G, LF 8, TLF 8/10-1, MZF und Kdow

Der Fuhrpark der FF Pullach im Isartal setzte sich im Jahr 1983 aus Fahrzeugen der Hersteller Magirus-Deutz und VW zusammen: RW 2, TLF 24/50, LF 16 TS, DLK 23-12, TLF 16, TLF 15, MZF, MZF, TSF (hpo)

1990 trägt Garching das Stadtrecht, Unterschleißheim folgte im Jahr 2000. Bemerkenswert für die Nachkriegszeit, in der Gemeindefusionen üblich waren, ist die Gründung einer neuen Gemeinde: 1955 erfolgte die Abspaltung Ottobrunns von Unterhaching.

Eine extrem hohe Dynamik weist die Einwohnerentwicklung auf – nämlich immer nur als Zunahme. Vor dem Zweiten Weltkrieg lebten auf dem Gebiet des heutigen Landkreises 60.000 Menschen. Der starke Bewohneranstieg vom Kriegsende an hängt mit dem Zuzug von Heimatvertriebenen und Flüchtlingen sowie in München ausgebombter Mitbürger zusammen. Am 15. Januar 1958 überschritt man als erster Landkreis in Bayern die Marke von 100.000 Einwohnern. Diese Zahl verdoppelte sich rasend schnell, mit 141.000 als Zwischenstand im Jahr 1966 und 1974 mit 218.000. Und sie steigt laufend weiter an. Im Jahr 2022 zählte der Landkreis über 350.000 Einwohner. Ottobrunn liegt in der Konstellation aus kleinster Gemeindefläche und dritthöchster Einwohnerzahl im Landkreis mit fast 4.300 Einwohnern pro km^2 an bundesweit zweiter Stelle der Einwohnerdichte. Mit der rasanten Siedlungstätigkeit einher gingen der Bau von Verkehrswegen und Autobahnen, die Anlage von Gewerbe- und Industriegebieten und die Ansiedlung von Forschungseinrichtungen.

Die Feuerwehren stellte und stellt dieser Wandel vor permanent zunehmende Herausforderungen, die sich in einem kontinuierlichen Ausbau des Fuhrparks, der gerätetechnischen Ausstattung, der Erhöhung der Mitgliederzahlen und der Intensivierung der Ausbildung in bestehenden und neuen Tätigkeitsfeldern niederschlägt. So stiegen die Einsatzzahlen von 2.200 im Jahr 1980 über 5.875 im Jahr 2004 auf 7.846 im Jahr 2018. Für 2021 wurden 8.012 Einsätze dokumentiert. Diese Zahlen sind aus Vergleichsgründen ohne Alarme für die First Responder. Diese führen zusätzlich im Jahr 2021 3.009 Einsätze. 2004 erledigten 3.434 Einsatzkräfte diese Aufgaben, zum Jahresende 2021 waren es 3.850 Kameradinnen und Kameraden (ohne Anwärter). Im Jahr 2000 gab es gemäß der Statistik der Kreisbrandinspektion 280 Einsatzfahrzeuge und 63 Anhänger; 2015 waren es 375 Einsatzfahrzeuge und 74 Anhänger. Für 2021 lauten die Zahlen 409 Einsatzfahrzeuge und 115 Anhänger und 54 Abrollbehälter.

Der Landkreis München in Zahlen

Fläche: 667,24 km^2

Ausdehnung: von Nord nach Süd 42 km und von West nach Ost 33 km

Flächennutzung: 21,2 % Siedlungs- und Verkehrsfläche, 30,5 % Landwirtschaftsfläche, 43,5 % Waldfläche, 3,1 % sonstige Vegetationsflächen, 1,7 % Gewässer

Topografie: zwischen 471 m üNN in der Stadt Unterschleißheim und 703 m üNN in der Gemeinde Schäftlarn

Einwohner: 354.990, Bevölkerungsdichte 532 Einwohner pro km^2

Anzahl Gemeinden: 29, 140 Siedlungen mit amtlichem Namen, 3 gemeindefreie Flächen (Forstenrieder Park, Grünwalder Forst, Perlacher Forst)

Zugelassene Kraftfahrzeuge: 309.321

Straßennetz: 1.431 km öffentliche Straßen (davon 98,0 km Autobahnen, 84,4 km Bundesstraßen, 142,5 km Staatsstraßen und 108,0 km Kreisstraße)

Öffentliche Verkehrsmittel: 9 S-Bahn-Linien mit 34 Haltepunkten, 1 U-Bahn-Linie mit 3 Bahnhöfen, 1 Straßenbahn-Linie mit 5 Haltestellen

Besondere Gefahrenquellen: 32 Labore und Forschungseinrichtungen arbeiten mit radioaktiven Stoffen der Gefahrengruppe I, 15 mit den Gefahrengruppen II und II; 39 Labore und Forschungseinrichtungen arbeiten mit gentechnisch veränderten Organismen und Krankheitserregern der Sicherheitsstufe S1; 41 der Sicherheitsstufen S2, S3 und S4; 4 Betriebe, die der oberen Klasse der Störfallverordnung unterliegen

Feuerwehren im Landkreis München:
45 Freiwillige Feuerwehren, 7 Werkfeuerwehren, 3 Betriebsfeuerwehren, 1 Feuerwehr der Bundeswehr; (Stand 1. Januar 2023). Aktive und Anwärter zum 31. Dezember 2021: 4.376; Einsätze in 2021: 11.021 davon 3.009 First Responder

(Quellen: Statistische Angaben des Landratsamtes München und der Kreisbrandinspektion München-Land sowie Bayerisches Landesamt für Statistik mit Stand 30. Juni 2022)

29 Städte und Gemeinden

Seit dem 1. September 2021 gliedert sich der Landkreis in neun Kreisbrandmeister-Abschnitte. Die folgende Auflistung enthält auch betriebliche und militärische Feuerwehren, die im Lauf der letzten Jahrzehnte ihren Betrieb eingestellt haben oder aufgelöst wurden, deren Fahrzeuge im Buch jedoch vorgestellt werden.

Kreisbrandmeister-Abschnitt 1

Gemeinde Oberschleißheim
Fläche 30,60 km², Einwohner 12.036
Feuerwehren: 4
- FF Badersfeld
- FF Oberschleißheim
- WF Helmholtz-Zentrum München Neuherberg
- Bundespolizei-Fliegerstaffel Oberschleißheim
- Bundeswehr-Feuerwehr Fliegerhorst Schleißheim (aufgelöst)

Stadt Unterschleißheim
Fläche: 14,92 km², Einwohner 29.400
Feuerwehren: 2
- FF Riedmoos
- FF Unterschleißheim
- BtF Airbus Unterschleißheim (aufgelöst)

Kreisbrandmeister-Abschnitt 2

Stadt Garching
Fläche 28,17 km², Einwohner 17.525
Feuerwehren: 3
- FF Garching
- FF Hochbrück
- WF TUM Technische Universität München Garching
- BtF Institut für Plasmaphysik Garching (aufgelöst)

Gemeinde Ismaning
Fläche 40,18 km², Einwohner 17.999
Feuerwehren: 1
- FF Ismaning

Gemeinde Unterföhring
Fläche 12,79 km², Einwohner 11.485
Feuerwehren: 1
- FF Unterföhring
- BtF BR Bayerischer Rundfunk Unterföhring (aufgelöst)

Kreisbrandmeister-Abschnitt 3

Gemeinde Aschheim
Fläche 28,03 km², Einwohner 9.470
Feuerwehren: 2
- FF Aschheim
- FF Dornach

Gemeinde Feldkirchen
Fläche 6,42 km², Einwohner 7.702
Feuerwehren: 1
- FF Feldkirchen

Gemeinde Haar
Fläche 12,90 km², Einwohner 22.032
Feuerwehren: 2
- FF Haar
- WF kbo, Isar-Amper-Klinikum Haar

Gemeinde Kirchheim bei München
Fläche 15,51 km², Einwohner 12.784
Feuerwehren: 2
- FF Heimstetten
- FF Kirchheim
- BtF MHM Huber Group Heimstetten (aufgelöst)

Kreisbrandmeister-Abschnitt 4

Gemeinde Grasbrunn
Fläche 23,59 km², Einwohner 6.775
Feuerwehren: 2
- FF Grasbrunn
- FF Harthausen

Gemeinde Höhenkirchen-Siegertsbrunn
Fläche 15,19 km², Einwohner 11.324
Feuerwehren: 2
- FF Höhenkirchen
- FF Siegertsbrunn

Gemeinde Hohenbrunn
Fläche 16,82 km², Einwohner 8.876
Feuerwehren: 2
- FF Hohenbrunn
- BtF Merck Schuchardt Hohenbrunn
- Bundeswehr-Feuerwehr Muna Hohenbrunn (aufgelöst)

Gemeinde Putzbrunn
Fläche 11,17 km², Einwohner 6.737
Feuerwehren: 1
- FF Putzbrunn

Kreisbrandmeister-Abschnitt 5

Gemeinde Aying
Fläche 44,99 km², Einwohner 5.569
Feuerwehren: 2
- FF Aying
- FF Helfendorf
- BtF Fritzmeier Helfendorf (aufgelöst)

Gemeinde Brunnthal
Fläche 26,92 km², Einwohner 5.581
Feuerwehren: 2
- FF Brunnthal
- FF Hofolding

Gemeinde Sauerlach
Fläche 49,49 km², Einwohner 8.229
Feuerwehren: 3
- FF Altkirchen
- FF Arget
- FF Sauerlach

Kreisbrandmeister-Abschnitt 6

Gemeinde Neubiberg
Fläche 5,76 km², Einwohner 14.390
Feuerwehren: 4
- FF Neubiberg
- FF Unterbiberg
- BtF Infineon Neubiberg
- Feuerwehr der Bundeswehr UniBW Neubiberg

Gemeinde Ottobrunn
Fläche 5,24 km², Einwohner 22.294
Feuerwehren: 2
- FF Ottobrunn
- WF IABG Ottobrunn

Gemeinde Taufkirchen
Fläche 22,02 km², Einwohner 18.172
Feuerwehren: 2
- FF Taufkirchen
- BtF Airbus Werk Ottobrunn

Gemeinde Unterhaching
Fläche 10,37 km², Einwohner 25.748
Feuerwehren: 1
- FF Unterhaching

Quelle: Die Angaben zur Gemeindefläche und Einwohneranzahl stammen vom Bayerischen Landesamt für Statistik mit Stand 30. Juni 2022

Kartengrundlage Landratsamt München

Kreisbrandmeister-Abschnitt 7

Gemeinde Grünwald
Fläche 7,68 km², Einwohner 11.495
Feuerwehren: 2
- FF Grünwald
- WF Bavaria Film Geiselgasteig

Gemeinde Oberhaching
Fläche 26,60 km², Einwohner 13.884
Feuerwehren: 2
- FF Oberbiberg
- FF Oberhaching

Gemeinde Straßlach-Dingharting
Fläche: 28,34 km², Einwohner 3.333
Feuerwehren: 2
- FF Dingharting
- FF Straßlach

Kreisbrandmeister-Abschnitt 8

Gemeinde Baierbrunn
Fläche 7,20 km², Einwohner 3.401
Feuerwehren: 1
- FF Baierbrunn

Gemeinde Pullach im Isartal
Fläche 7,41 km², Einwohner 9.073
Feuerwehren: 3
- FF Pullach im Isartal
- WF Linde Pullach
- WF United Initiators Pullach

Gemeinde Schäftlarn
Fläche 16,71 km², Einwohner 6. 047
Feuerwehren: 3
- FF Ebenhausen
- FF Hohenschäftlarn
- FF Neufahrn

Kreisbrandmeister-Abschnitt 9

Gemeinde Gräfelfing
Fläche 9,58 km², Einwohner 13.770
Feuerwehren: 1
- FF Gräfelfing

Gemeinde Neuried
Fläche 9,62 km², Einwohner 8.690
Feuerwehren: 1
- FF Neuried

Gemeinde Planegg
Fläche 10,66 km², Einwohner 11.169
Feuerwehren: 1
- FF Planegg

Die Feuerwehr wird mobil

Es ist die FF Grünwald, der die Ehre zukommt, das erste motorisierte Löschfahrzeug bei einer kommunalen Wehr im Landkreis München in Dienst gestellt zu haben. Das war 1927. Die Auto-Motor-Spritze „Modell Bayern 18/75 PS“ erhielt wegen der Leistung ihrer Pumpe von 1.150 l/min später die Bezeichnung LF 12. Fahrer und Einsatzleiter saßen in der offenen Führerkabine, je drei Mann der Besatzung nahmen links und rechts, also Rücken an Rücken auf dem Aufbau Platz. Auf den beiden abnehmbaren Schlauchhaspeln befanden sich die C-Schläuche. Der Schlauchwagen am Heck war mit den B-Schläuchen bestückt. Dieser musste abgenommen werden, um an die Pumpe zu gelangen. Als Alarmeinrichtung diente eine Messingglocke, die von Hand anzuschlagen war. Der Wagen war der Zeit und dem Zustand der Straßen entsprechend vollgummibereift. 1956 fand das Grünwalder LF 12 sein Ende bei einem Altmetallhändler in Pullach-Höllriegelskreuth. Das Foto unten zeigt ein baugleiches Fahrzeug, das im selben Jahr an eine andere Feuerwehr in Oberbayern ausgeliefert wurde und dort als Oldtimer erhalten geblieben ist.

Die Geschichte der Motorisierung der Feuerwehren im Landkreis ließ sich für die Epoche bis nach dem Zweiten Weltkrieg nur bruchstückhaft rekonstruieren. Zumeist gaben Festschriften einige Anhaltspunkte. Allerdings äußerten sich die Autoren selten zu Typ, Hersteller, Baujahr oder Dienstzeit des Fahrzeugs. Sofern historische Fotos erhalten geblieben sind, so zeigen sie meistens die Mannschaft, und das Fahrzeug ist dabei Staffage im Hintergrund.

Gebraucht erworbene Omnibusse waren 1929 bei den FF Neubiberg, Ottobrunn und Taufkirchen die Basis für Umbauten zu Mannschafts- und Gerätewagen. In Neubiberg war es ein Mannesmann-Mulag, der dann die ebenfalls

Motorspritze LF 12 | FF Grünwald | Magirus 18/75 PS | Magirus | 1927 | 1956 außer Dienst (das Foto zeigt ein baugleiches LF 12 der FF Freising)

1929 erworbene Motorspritze auf ihrem Anhänger zog. Diesen Lastwagenhersteller gab es von 1913 bis 1928 in Aachen. Nicht zu ermitteln waren Baujahr und Typ des bei der FF Ottobrunn von 1929 bis 1945 eingesetzten MAN. Die Maschinenfabrik Augsburg-Nürnberg hatte 1915 mit dem Bau von Lastwagen und Omnibussen begonnen. In ihren Unterlagen aus dem Geschäftsjahr 1917/1918 taucht die Königliche Oberpostdirektion in Nürnberg zum ersten Mal als Kunde auf. Von dieser kaufte man 1928 einen ausgemusterten Postbus in Straubing. Dem Fahrerstand gab man ein geschlossenes Gehäuse während die Mannschaft weiterhin längs im Freien sitzen musste. Zum Transport der 1929 beschafften Tragkraftspritze ließ man den Rahmen am Heck verlängern. Den größten Teil der Arbeiten erbrachte die Wehr in Eigenleistung. Eingebunden war dabei der Schmiedemeister und Mechaniker Ammann aus Taufkirchen. Dieser soll im selben Jahr auch an einem Fahrzeug für die FF Taufkirchen mitgewirkt haben.

Neben Magirus gab es weitere Anbieter von Motorspritzen. Einer davon war die 1878 gegründete Feuerwehrgerätefabrik Hermann Koebe in Luckenwalde. An diesem traditionsreichen Standort in Brandenburg entstehen noch heute Löschfahrzeuge. Während der DDR-Zeiten war dort der VEB Feuerlöschgerätewerk Luckenwalde ansässig, der im Zuge der Privatisierung 1991 von der Firma FGL übernommen wurde, um nach deren Konkurs 1996 von Metz einverleibt zu werden. Metz wiederum ging 1998 in die Rosenbauer AG auf, die seitdem auch in Luckenwalde produziert. Ein Mercedes-Benz, vermutlich vom Typ L 2000, diente Koebe 1931 als Fahrgestell für eine Motorspritze. Kunde war die FF Pullach im Isartal. Im Hinblick auf die Pumpenlei-

Mannschaftswagen | FF Neubiberg | Mannesmann-Mulag | Eigenausrüstung | Umbau 1929 aus Omnibus | ca. 1943 außer Dienst (ffnbg)

Mannschaftswagen mit Tragkraftspritze | FF Ottobrunn | MAN | Eigenaufbau | Umbau 1929 aus Postbus | 1945 außer Dienst (ffotn)

Motorspritze | FF Pullach im Isartal | DB | Koebe | 1931 | 1961 außer Dienst (hpo)

M+GW | FF Ismaning | Hansa-Lloyd LK | Magirus | 1937 | 1956 von WF Heil- und Pflegeanstalt Haar-Eglfing | 1969 außer Dienst (whe)

stung gab man ihm später die Bezeichnung LF 12. Etwas moderner fiel 1936 das erste Löschfahrzeug der FF Planegg aus. Im Aufbau des Mercedes-Benz saßen die Einsatzkräfte zwar noch immer den Unbilden des Wetters ungeschützt ausgesetzt im offenen Fahrzeug aber zumindest in Reihen hintereinander. So konnten sie bei der Kurvenfahrt nicht mehr von den Längssitzbänken herunterrutschen.

1939 erhielt die Feuerwehr der damals so bezeichneten Heil- und Pflegeanstalt Haar-Eglfing einen Mannschafts- und Gerätewagen mit der Bezeichnung M+GW. Lieferant war die Firma Magirus. Er hatte Platz für neun Einsatzkräfte, im Geräteraum befanden sich zwei seitlich ausschwenkbare Schlauchhaspeln und im Heck wurde die Tragkraftspritze eingeschoben. Magirus bezeichnete das Fahrgestell als Typ LK. Worüber man damals schwieg, war die Tatsache, dass Magirus etwa 170 Fahrgestelle von Hansa-Lloyd bezogen hatte und darin Hansa-Motoren aus den Bremer Borgward-Werken eingebaut waren. Erst Jahrzehnte später gingen Feuerwehr-Fachjournalisten den immer wieder aufkeimenden Gerüchten auf den Grund und ermittelten den wahren Hersteller des LK-Fahrgestells.

Waren manche Wehren bislang darauf angewiesen, dass ein Landwirt oder Fuhrunternehmer den Anhänger mit der Motorspritze zur Einsatzstelle zog, so änderte sich das in den 1930er Jahren. Die Wehren stellten gebraucht erworbene Personen- oder Lastwagen in Dienst, mit denen sie ihre Mannschaft mitnehmen und die Motorspritze anhängen konnten. Hierzu finden sich einige Hinweise in älteren Festschriften. 1937 erhielt die FF Brunnthal einen amerikanischen Buick. Bei der FF Ebenhausen ergab sich ein rascher Wechsel der Zugfahrzeuge: 1935 ein Brennabor, 1938 ein Buick und während des Zweiten Weltkriegs ein Renault. Die FF Oberschleißheim vermeldete für 1939 die Indienststellung eines gebrauchten Lkw mit Planenverdeck.

Fahrzeugentwicklung bis Mitte der 1940er Jahre

Die kommunale Selbstständigkeit der Feuerwehren endete mit der Machtübernahme durch die Nationalsozialisten. Die Feuerwehren kamen Mitte der 1930er Jahre unter die Obhut der Polizei. Zahlreiche Gesetze, Erlasse und Verordnungen sorgten für eine Vereinheitlichung im Feuerwehrdienst und der Ausrüstung. Damit legte die Regierung die Grundlagen für einen landesweit einheitlichen Luftschutz, was die Feuerwehren auf die Bewältigung der ab 1939 herrschenden Kriegseinwirkungen vorbereiten sollte. Mit dem Ziel der Rationalisierung der Produktion erschien 1940 ein Runderlass zur „Typenbegrenzung im Feuerlöschfahrzeugbau". Die Basis dafür legten die drei für Feuerwehrfahrzeuge festgelegten Nutzlastklassen von 1,5 Tonnen, 3,0 Tonnen und 4,5 Tonnen. Dem folgten im selben Jahr die „Anordnungen über den Bau von Feuerwehrfahrzeugen", die mit Baubeschreibung, Zeichnungen und Beladeplänen dafür sorgten, dass alle Hersteller nur noch gemäß einer Typisierung gefertigte und somit fast baugleiche Fahrzeug auslieferten. Im Landkreis München kamen während des Krieges oder in der Nachkriegszeit die drei Typen von Löschgruppenfahrzeugen zum Einsatz:

- LLG Leiches Löschgruppenfahrzeug
- SLG Schweres Löschgruppenfahrzeug
- GLG Großes Löschgruppenfahrzeug bzw. KS 25 Kraftfahrspritze

1943 änderten sich die Bezeichnungen in die bekannte und einsatztaktisch relevantere Systematik anhand der Leistung der Feuerlöschkreiselpumpe. Das LLG hieß nun LF 8, das SLG wurde zum LF 15 und das GLG sowie die KS 25 zum LF 25.

Leichtes Löschgruppenfahrzeug LLG, später LF 8

„LLG Leichtes Löschgruppenfahrzeug auf 1,5-Tonner als Ausrüstung kleinerer Orte. In größeren Gemeinden und Großstädten mit Feuerlöschpolizei sollen LLG in den Abteilungen der Freiwilligen Feuerwehr schwächer besiedelter Randgebiete vorgesehen werden", er-

LLG | FF Helfendorf | DB L 1500 | Metz | 1940 | 1946 von FF Passau | 1964 außer Dienst | ausgestellt im Feuerwehrmuseum Veste Oberhaus Passau

klärte das Gremium, das die Typenbegrenzung ausarbeitete. Für das LLG war ausschließlich das von Daimler-Benz hergestellte Fahrgestell mit der Typbezeichnung L 1500 mit 1,5 Tonnen Tragkraft vorgesehen. Etwa zweihundert LLG in dieser Form entstanden in den beiden Jahren 1940 und 1941 bei vier Aufbauherstellern. Das begrenzte Platzangebot im Aufbau und die geringen Gewichtsreserven verhinderten die Unterbringung der Tragkraftspritze im Fahrzeug. Die Verteilung der Geräte auf das Zugfahrzeug und den Tragkraftspritzenanhänger TSA bestimmten feuerwehrtaktische Gesichtspunkte. Der TSA blieb an der Wasserentnahme stehen, während das LLG zum Brandplatz fuhr. Deshalb befanden sich im TSA neben der Tragkraftspritze die gesamten saugseitigen Geräte und Armaturen sowie die Mehrzahl der B-Schläuche. Sie dienten dem Aufbau der Wasserversorgung zum Einsatzort. Im LLG waren vor allem die Geräte für den Löschangriff verstaut.

Bei den Freiwilligen Feuerwehren im Landkreis München sind zwei LLG auf DB L 1500 bekannt geworden: Die FF Unterföhring setzte von 1941 bis Ende der 1960er Jahre ein LLG mit Magirus-Aufbau ein. Die Hacker-Pschorr-Brauerei München verwendete es anschließend viele Jahre lang als „Durstlöschzug" auf Veranstaltungen. Die FF Helfendorf tauschte 1946 ein für ihre Verhältnisse viel zu großes LF 25 bei der FF Passau gegen ein bislang dort eingesetztes LLG ein, dessen Aufbau aus dem Jahr 1940 von Metz stammt. 1964 bei der Helfendorfer Feuerwehr ausgemustert, kam es zuerst in Besitz eines Burschenvereins und 1986 zu einem Fahrzeugsammler in Aachen. Dort kaufte 1990 der Passauer Feuerwehrverein sein ehemaliges LLG zurück und nahm eine umfangreiche Restaurierung vor. Das Foto vom ehemaligen Helfendorfer Fahrzeug mit Passauer Beschriftung entstand 2009 auf einer Veranstaltung.

1941 stellte Daimler-Benz die Produktion auf den Fahrgestelltyp L 1500 S um. Mehr Bodenfreiheit und bessere Fahreigenschaften mit einem kürzeren Radstand im Gelände entsprachen besser den Kriegsgegebenheiten. Bis 1944 entstanden etwa 3.600 LLG. Der Aufbau bestand aus einem mit Winkeln und Flacheisen verstärkten Hartholzgerippe. Als Außenverkleidung wurde Blech, als Innenverkleidung Sperrholz verwendet. Neun Feuerwehrgerätehersteller zwischen Stuttgart und Königsberg im damaligen Ostpreußen bekamen den Auftrag zur Aufbaufertigung. Nach vorliegenden Unterlagen erhielt die FF Gräfelfing 1941 ein LLG mit Aufbau der Firma Nowack aus Bautzen, das ab 1965 von der FF Buchendorf im benachbarten Landkreis Starnberg weiter verwendet wurde. Später kam es nach Kiel, wo es bei Mercedes-Benz restauriert wurde. Ein LLG beschaffte die FF Aschheim 1952 oder 1954 aus dem Bestand der Feuerwehr München und setzte es bis 1969 ein.

Der sich mit zunehmender Kriegsdauer verschärfende Materialmangel und der Ausfall von Produktionswerken nach Bombardierungen führten zur Vereinfachung der Fahrzeuge und Geräte. „Bei sämtlichen Aufbauten wurde zwecks Einsparung von Werkstoff und Arbeitszeit nicht nur auf alle der Schönheit dienenden Merkmale, wie Hochglanzlackierung, besondere Ausstattungen der Inneneinrichtung verzichtet, sondern darüber hinaus sind weitgehende Vereinfachungen durchgeführt" wird 1944 in einem Beitrag der Zeitschrift *Deutscher Feuerschutz* erläutert. Ein solches 1943 gebautes LF 8 erhielt die FF Neubiberg. Als offensichtliche Merkmale der „Vereinfachungen" er-

LF 8 | FF Neubiberg | DB L 1500 S | Daimler-Benz | 1943 | 1945 verschollen (ffnbg)

LF 15 | FF Ottobrunn | Opel Blitz 3,0 t | Magirus | 1944 | 400 W | 1945 übernommen | 1962 Umbau zu GW (ffotn)

LF 25 | FF Oberschleißheim | DB L 4500 F | Metz | ca. 1943 | 1.500 W | 1946 übernommen | außer Dienst (ffosh)

kennt man den Wegfall des rechten Scheibenwischers, des rechten Außenspiegels, der Peilstangen auf den Kotflügeln, des Mercedes-Sterns auf dem Kühler sowie eine Verkürzung der hinteren Kotflügel. Dem Mangel an Grundstoffen zur Lackherstellung geschuldet erfolgte der Anstrich in den letzten Kriegsjahren nicht mehr im glänzenden Dunkelgrün der Feuerlöschpolizei oder dem Schwarzgrau der Militärfahrzeuge, in dem zudem ab 1942 auch alle kommunalen Fahrzeuge ausgeliefert wurden, sondern in einem matten Dunkelgelb. Bereits nach kurzer Dienstzeit verschwand das Neubiberger LF 8 spurlos in den Wirren des Kriegsendes.

Schweres Löschgruppenfahrzeug SLG, später LF 15

Das SLG war für Feuerwehren in mittleren und großen Gemeinden vorgesehen. Auf ein Fahrgestell mit drei Tonnen Nutzlast kam die Kabine für eine Löschgruppe, deren Ausrüstung, eine fest eingebaute Feuerlöschpumpe von 1.500 l/min bei 80 m Förderhöhe und ein Wassertank für 400 Liter. Mehr Wasser war in Hinblick auf die Tragfähigkeit des Fahrgestells nicht machbar. Dafür gab es anfangs nur zwei Fahrgestelle, den Daimler-Benz L 3000 F und den Klöckner-Humboldt-Deutz FS 330. Eigentlich von Magirus in Ulm gebaut, lief der FS 330 unter der Firmenbezeichnung KHD. Die FF Siegertsbrunn kaufte 1964 ein solches bei der Feuerwehr München ausgemustertes SLG vom Baujahr 1941. Den Erzählungen nach soll es für den Brandschutz am Führerhauptquartier Obersalzberg bei Berchtesgaden vorgesehen gewesen sein und gelangte erst in der Nachkriegszeit in den Münchner Fuhrpark. 1973 veräußerte die Siegertsbrunner Feuerwehr es an eine Filmproduktionsfirma und im Jahr 2000 konnte man es wieder zurückholen und restaurieren. In derselben Ausführung und vom selben Baujahr war das SLG, das die FF Feldkirchen bereits 1945 kurz nach Kriegsende in Dienst stellte.

Infolge der kriegsbedingten Vereinheitlichungen der Produktion lief bei Mercedes-Benz und Magirus die Fertigung des 3-Tonners aus, und es gab das LF 15 ab 1944 nun nur noch auf dem Opel Blitz 3-Tonner-Fahrgestell. Um Blech zu sparen, entstanden die Mannschaftskabine und der Aufbau zum Kriegsende aus wenig haltbaren Holzfaser-Hartplatten. Es musste auch auf die B-Haspel am Heck verzichtet werden, die B-Schläuche fanden Platz im Aufbau. Auf einen Hinweis des Landratsamts München hin, konnte die FF Ottobrunn zum Jahresende 1945 ein solches LF 15 auf Opel Blitz erwerben. Seine Herkunft ist nicht bekannt. Es lief bis 1962 als Löschfahrzeug und weitere fünf Jahre als Gerätewagen. Anschließend diente es einem Landwirt noch als Hühnerstall. Als Neufahrzeug holte die FF Ismaning im Herbst 1944 ein LF 15 auf Opel Blitz 3-Tonner bei Magirus in Ulm ab. Vermutlich gab man es 1959 an die FF Heimstetten weiter.

In Ermangelung von Fotos und konkreter schriftlicher Nachweise sind zu weiteren vier SLG oder LF 15 bei Feuerwehren im Landkreis München nur wenige Informationen bekannt. Die FF Aschheim kaufte 1947 von der amerikanischen Verwaltung ein ausgemustertes SLG, das wegen seines schlechten Zustands bereits 1950 ersetzt werden musste. Ob das nun bei der Münchner Feuerwehr erworbene Fahrzeug ebenfalls ein SLG war, ist nicht eindeutig gesichert. Bei der FF Aying erinnert man sich, dass die Wehr von 1962 bis 1968 über ein in München gekauftes

SLG | FF Siegertsbrunn | KHD FS 330 | Magirus | 1941 | 400 W | 1964 von Feuerwehr München | 1973 außer Dienst | wird seit 2000 erhalten als Oldtimer in Siegertsbrunn

SLG auf Magirus verfügte. Bei welchem Hersteller die Gemeinde Oberschleißheim 1944 ein LF 15 anschaffte ist nicht überliefert, weil es bereits 1945 durch die amerikanische Besatzungsmacht beschlagnahmt wurde. Jahre später hörte man wieder davon, es war zu einem Lastwagen umgebaut worden und lief bei einer Baufirma in Baden-Württemberg.

Großes Löschgruppenfahrzeug GLG und Kraftfahrspritze KS 25, später LF 25

Bei den Feuerwehren größerer Städte kam das Große Löschgruppenfahrzeug GLG zum Einsatz. Vorwiegend bei militärischen Einheiten von Heer und Luftwaffe sowie beim Luftschutz gab es die Kraftfahrspritze KS 25. 1943 vereinheitlichte man die beiden sehr ähnlichen Fahrzeugtypen zum LF 25. Am Rahmenende der Fahrgestelle mit 4,5 t Nutzlast von Magirus und Daimler-Benz saß eine Pumpe mit 2.500 l/min Förderleistung. Direkt an ihr angeschlossen war ein formbeständiger, 40 Meter langer Schnellangriffsschlauch. Der Wasserbehälter hatte einen Inhalt von 1.500 Liter. Alle im Landkreis München bekannt geworden Löschfahrzeuge dieser Leistungsgröße kamen erst nach Kriegsende zu den Feuerwehren.

Bei der FF Haar lief von 1946 bis 1971 ein 1941 gebautes Fahrzeug auf DB L 4500 F, das entweder ein vom Reichsinnenministerium beschafftes GLG oder eine vom Reichsluftfahrtministerium entwickelte KS 25 gewesen sein könnte. Helfendorf konnte 1945 nach Kriegsende ein aus Wehrmachtsbeständen stammendes LF 25 erwerben. Das Landesamt für Feuerschutz hielt es in Hinblick auf die Größe der Gemeinde und ihrer Feuerwehr für unpassend. So kam es im Tausch gegen ein gebrauchtes LLG zur FF Passau. Die FF Oberschleißheim bekam 1946 ein ausgeschlachtetes LF 25 auf DB L 4500 F. Die ortsansässige Firma Herrmann baute es für die Feuerwehr aus. Daher unterscheidet es sich in Details von der Ausführung, in der es vermutlich im Jahr 1943 die Werkshallen von Metz in Karlsruhe verlassen hatte. Es erhielt eine neue Stoßstange, eine geänderte Dachbeladung und eine B-Schlauchhaspel am Heck. Die FF Unterhaching konnte sich in den turbulenten Verhältnissen der letzten Kriegstage eine KS 25 auf DB L 4500 F mit Aufbau von Metz organisieren. Das vermutlich auf dem Fliegerhorst Neubiberg stationierte Fahrzeug haben mutmaßlich Luftwaffenangehörige auf ihrer Flucht vor den vorrückenden amerikanischen Truppen Ende April 1945 am Unterhachinger Ortsrand stehen gelassen. Wenige Tage später schleppten es einige Feuerwehrmitglieder in der von der inzwischen eingetroffenen amerikanischen Besatzungsmacht erlaubten zweistündigen Ausgangszeit in eine Scheune und versteckten es. Mit Wiederaufnahme des Dienstbetriebs der Feuerwehr im Jahr 1946 holte man es wieder hervor. Das Baujahr der KS 25 dürfte zwischen 1940 und 1942 gelegen haben. Das Weglassen der Trittbrettkästen für die Saugschläuche zur Verbesserung der Bodenfreiheit bei Fahrten abseits befestigter Straßen deutet auf eine spätere Ausführung in diesem Bauzeitraum hin. Bis 1967 blieb es im Dienst der FF Unterhaching. Von der WF Bavaria Film in Grünwald ist bekannt, dass diese von 1956 bis 1966 einen Magirus-Deutz als Löschfahrzeug einsetzte. Da kein Foto davon verfügbar ist, lässt sich nicht mehr feststellen, ob es sich von der Bauform her um eine KS 25, ein GLG oder ein LF 25 handelte.

KS 25 | FF Unterhaching | DB L 4500 F | Metz | 1.500 W | ca. 1942 | 1946 in Dienst | 1967 außer Dienst (ffuhg)

Fahrzeuge bei Hitlerjugend-Feuerwehren

Die Hitlerjugend war die Jugend- und Nachwuchsorganisation der Nationalsozialistischen Deutschen Arbeiterpartei (NSDAP). Zur Unterstützung der Feuerlöschpolizei gab es die sogenannte Hitlerjugend-Feuerwehr. In den letzten Kriegsjahren setzte sie sich oftmals aus älteren Feuerwehrmännern und jungen Burschen ab 14 Jahren zusammen. Ihnen stand üblicherweise ein Tragkraftspritzenanhänger zur Verfügung. Aus Ottobrunn und Unterhaching ist überliefert, dass sie über aus Beutebeständen stammende amerikanische Dodge WC als behelfsmäßige Mannschafts- und Zugfahrzeuge verfügten und damit zumeist nach Bombenangriffen in München zum Einsatz kamen.

Fahrzeugentwicklung in der Nachkriegszeit

Wie sah die Situation in den Jahren nach dem Zweiten Weltkrieg bei den Feuerwehren aus? Die allermeisten waren noch nicht motorisiert. Sie verfügten über einen Tragkraftspritzenanhänger, für den sie im Einsatzfall ein Zugfahrzeug organisieren mussten. Sofern es sich aus Festschriften und historischen Rückblicken in den Internet-Auftritten verifizieren lässt, dürften zum Jahresende 1945 lediglich die Feuerwehren Brunnthal, Ebenhausen, Feldkirchen, Gräfelfing, Grünwald, Helfendorf, Ismaning, Ottobrunn, Planegg, Pullach im Isartal und Unterföhring sowie die Heil- und Plegeanstaltfeuerwehr Eglfing-Haar über ein Fahrzeug verfügt haben. Die Beanspruchungen während der Kriegszeit hatten einige dieser Fahrzeuge verschlissen und man brauchte dafür dringend Ersatz. Andere Feuerwehren erhielten während des Krieges Löschfahrzeuge gemäß der Reichs-Typisierung oder konnten ein solches noch relativ neues aber oftmals stark beanspruchtes Fahrzeug kurz nach Kriegsende in ihren Fuhrpark aufnehmen. Diese wurden im vorangehenden Kapitel vorgestellt.

In der Nachkriegszeit griffen einige Wehren zur Selbsthilfe und bauten sich selber Mannschaftswagen, die den Tragkraftspritzenanhänger zogen. Ein beliebtes Basisfahrzeug stellte der Dodge WC dar. Dieser Geländewagen fand sich damals in beträchtlicher Anzahl bei der US Army und konnte nun für den zivilen Einsatz veräußert werden. Der FF Neubiberg, deren LF 8 in den letzten Kriegstagen entwendet worden war, fehlte ein Zugfahrzeug für den 1929 beschafften Tragkraftspritzenanhänger. Über Kontakte zum örtlichen amerikanisch verwalteten Fliegerhorst kam man 1948 an einen Dodge WC-51. Den Umbau nahmen ortsansässige Handwerker vor. Weitere Dodge WC liefen bei den FF Ebenhausen und Gräfelfing.

Für gebrauchte Einsatzfahrzeuge stellte die Münchner Feuerwehr eine wichtige Bezugsquelle dar. So fragte die Gemeinde Putzbrunn im Jahr 1960 bei der Branddirektion an und erhielt zur Antwort, dass mehrere Fahrzeuge aus Kriegszeiten zur Ausmusterung über die Städtische Kraftfahrzeug-Beschaffungs-

Zugfahrzeug | FF Neubiberg | Dodge WC-51 | Eigenaufbau | 1948 von amerikanischen Streitkräften | 1957 außer Dienst (ffnbg)

Oben: KS 25 | FF Putzbrunn | DB LS 3750 | Metz | 1940 | 350 W | 1960 übernommen von Feuerwehr München | 1971 außer Dienst (Foto aufgenommen bei der FF München Lochhausen) (bfm)

Links: LF 25 | FF Oberschleißheim | Südwerke LG 45 | Metz | 1949 | 800 W | 1959 von US Airfield Schleißheim| 1968 an Feuerwehr Nevele (Belgien) (ffosh)

Unten: LF 20 | FF Hochbrück | Südwerke LF 45 | Metz | 1952 | 800 W | 1961 von US Army | 1971 außer Dienst (Beispielfoto)

stelle anstehen. Vorsorglich wies man darauf hin, dass Ersatzteile schwer zu erhalten wären sowie Bremsen und Lenkung einer gründlichen Überholung bedürften. Die Wahl der FF Putzbrunn fiel auf eine KS 25, die Metz im Jahr 1940 auf Daimler-Benz-Fahrgestell an das Kommando der Feuerschutzpolizei München geliefert hatte. Auch Aschheim kaufte mehrmals ausgemusterte Löschfahrzeuge, die oftmals nach wenigen Jahren ersetzt werden mussten. Weitere Löschgruppen- und Tanklöschfahrzeuge aus Münchner Bestand werden in folgenden Kapiteln vorgestellt.

1953 ist das Jahr, in dem Gemeinden im Landkreis die ersten in der Nachkriegszeit neu gebauten Löschfahrzeuge kauften. Die FF Hohenbrunn und Oberhaching erhielten LF 8, Grünwald entschied sich für ein TLF 15. Diese Fahrzeuge werden in den jeweiligen Kapiteln vorgestellt. Das Bayerische Landesamt für Feuerschutz führte 1955 die Geräteabnahme bei den Herstellerfirmen ein, diese war Voraussetzung für die Auszahlung des Staatszuschusses an die Gemeinden. Das führte in Bayern zu einer stetig steigenden Anzahl neuer Löschfahrzeuge. Dabei propagierte das Amt das LF 8, denn dieses transportierte die Gruppenbesatzung als Grundeinheit der Brandbekämpfung. Dass manche Wehren das TLF 16 als vermeintliches Allzweckfahrzeug bevorzugten, stieß beim Landesamt und auch bei den Kreisbrandinspektoren auf wenig Gegenliebe. Gerade im waldreichen Süden des Landkreises argumentierten einige Kommandanten vehement für das TLF 16 und zogen die Beschaffung durch. So listete die FF Ottobrunn im Zuschussgesuch die feuergefährlichen Betriebe wie Schreinereien, Tankstellen, Filmwäscherei, chemische Reinigung und Ölraffinerie sowie Objekte mit großer Menschenansammlung, nämlich Schulhaus, Kino, Krankenhaus und Barackenlager auf. Zudem wies man auf die hohe Anzahl an Wald- und Wiesenbränden hin, bei denen öfters Kinderbrandstiftung als Ursache in den Einsatzberichten stand.

Bei zwei benachbarten Wehren im nördlichen Landkreis gab es in den 1960er Jahren zwei gebrauchte Löschfahrzeuge auf Fahrgestellen der Firma Südwerke mit Aufbauten von Metz. Das Schwerindustrie-Unternehmen Krupp hatte im Verlauf des Krieges die Produktion von Lastwagen von Essen nach Kulmbach verlagert. Die amerikanische Besatzungsmacht erlaubte 1946 die Wiederaufnahme der Produktion, aber unter einem unverfänglichen und unbelasteten Namen. Die ehemaligen Krupp-Betriebe in Nordbayern firmierten deshalb als Südwerke. Das US Corps of Engineers beschaffte für seine Militärfeuerwehren Löschfahrzeuge. Da solche 1949 gebaute LF 25 auf Südwerke-Hauberfahrgestell LG 45 auf dem Airfield Schleißheim stationiert waren, ist es sehr wahrscheinlich, dass eines davon ab 1959 im nur wenige Kilometer entfernten Gerätehaus der FF Oberschleißheim zu finden war. Desweiteren orderte das amerikanische Militär bei Südwerke ab 1951 Frontlenkerfahrgestelle vom Typ LF 45. Die LF 20 mit einem Aufbau ebenfalls von Metz hatten entgegen ihrer Typbezeichnung keine Gruppenkabine. Typisch für amerikanische Löschfahrzeuge waren die Anordnung der Pumpe mittig im Fahrzeug, die Schlauchbetten oberhalb oder seitlich des Tanks und die Möglichkeit, am Heck auf einem Trittbrett stehend, Mannschaft mitzunehmen. Die Förderleistung der Pumpe betrug 2.000 l/min bei 8 bar, mitgeführt wurden 800 Liter Wasser und 100 Liter Schaummittel. Dass die FF Hochbrück die jüngste kommunale Wehr im Landkreis München ist, liegt daran, dass es diesen Garchinger Stadtteil erst seit Ende des Zweiten Weltkriegs gibt. 1957 gründeten die Siedler die Wehr und sie erhielt 1960 ihr erstes Einsatzfahrzeug. Durch die Beziehungen zu den US-amerikanischen Streitkräften konnte ein ausrangiertes LF 20 auf Südwerke-Fahrgestell erworben werden. Ein 80 PS starker 6-Zylinder-Benzinmotor trieb das etwa neun Tonnen schwere Fahrzeug an.

Der Fuhrpark der FF Gräfelfing im Jahr 1958: Das LLG stammt von 1941, das TLF 15 kaufte die Gemeinde 1956. Rechts steht ein etwa 1942 gebauter Dodge WC, der von 1950 an die Anhängeleiter zog (ffgrä)

1960 entstand das Foto vom Pullacher Gerätehaus mit seinen Fahrzeugen: TLF 15 von 1954, LF 12 von 1931 und ein MTW auf VW Bus (hpo)

Die Löschfahrzeuge der FF Ottobrunn anlässlich der 50-Jahr-Feier im Jahr 1964: TLF 16 von 1958, gebraucht erworbenes LF 15 von 1952 und das 1944 gebaute LF 15 auf Opel Blitz (ffotn)

Führungsfahrzeuge

Kommandowagen Kdow, Mehrzweckfahrzeuge MZF und Einsatzleitwagen ELW sind in großer Anzahl bei den Feuerwehren im Landkreis München vorhanden, um die Führung der Feuerwehren zur Einsatzstelle zu bringen und dort die Leitung des Einsatzes zu unterstützen.

Kommandowagen Kdow

Was bei Berufsfeuerwehren schon längst üblich war, setzte sich in den späten 1980er Jahren auch im Landkreis München durch: Der Kommandant oder Einsatzleiter fährt im Kommandowagen dem Lösch- oder Rüstzug voraus. Das gibt ihm einen kleinen Zeitvorsprung, die Einsatzstelle zu erkunden und die nach und nach eintreffenden Fahrzeuge geeignet zu positionieren und ihren Besatzungen Aufgaben zuzuteilen. Manche Führungskräfte fahren alleine, manche nehmen einen Melder oder Führungsgehilfen mit. Anfangs handelte es sich meistens um Pkw, dann um Kombi, um etwas mehr Material und Einsatzunterlagen mitnehmen zu können. Dass die BMW der 3er- und 5er-Baureihen hierbei oft vertreten waren, lag wohl nicht nur an der Nähe zum Hersteller in München, sondern auch daran, dass BMW den Kommunen bei Fahrzeugen mit Behördenausstattung hohen Rabatt einräumte. Und oft konnten Vorführfahrzeuge, die nur kurze Zeit bei einer der BMW-Werkfeuerwehren gelaufen waren, kostengünstig gebraucht erworben werden.

Bald stellten viele Wehren fest, dass das Platzangebot im Pkw nicht ausreichte, um den Einsatz zu führen und um den Einsatzablauf bei der Funkführung auf mehreren Kanälen – mindestens einen für den Einsatzstellenfunk und einen als Verbindung zur Feuerwehr-Einsatzzentrale im Landratsamt München – zu dokumentieren. Immer häufiger lösten Geländewagen oder SUV sowie Großraumlimousinen die Pkw ab. Kleinbusse bieten darüber hinaus die Möglichkeit, einen Arbeitsplatz mit Tisch, variable Einbauten für Funkgeräte sowie zur Lagerung von Einsatzplänen, Nachschlagewerke und Akten unterzubringen

Der Landkreis München stellte im Jahr 2022 der Kreisbrandinspektion fünf Kdow zur Verfügung: einen BMW X5 für den Kreisbrandrat und drei BMW 520 d xDrive touring für die drei Kreisbrandinspektoren. Die Kreisbrandmeister benutzen weiterhin – wie zuvor alle Inspektionsangehörige – ihre Privatfahrzeuge mit verdeckt eingebauter Sondersignalanlage. Allerdings ist dafür als Reservefahrzeug oder als Führungsfahrzeug bei dem Einsatz eines Hilfeleistungskontingents auch ein BMX X3 vorhanden.

Fahrzeugbestand im Landkreis München zum 1. Januar 2023

35 Kdow bei den FF Aschheim, Baierbrunn, Brunnthal, Dornach, Garching, Gräfelfing, Grünwald, Heimstetten, Hochbrück, Hofolding, Hohenbrunn, Hohenschäftlarn, Ismaning (2x), Oberschleißheim, Ottobrunn, Planegg (2x), Pullach im Isartal, Taufkirchen, Unterföhring, Unterhaching, Unterschleißheim (2x) und bei den WF TUM Garching, IAK Haar, Helmholtz-Zentrum Neuherberg, United Initiators Pullach, bei der BtF Airbus Ottobrunn, der UniBW Neubiberg und bei der Kreisbrandinspektion (5x)

Kdow | WF MBB-IABG Ottobrunn | BMW touring | 1972 | 1986 außer Dienst

Kdow | FF Baierbrunn | BMW 520 | 1981 | 1990 von FF Grünwald | 2009 außer Dienst | als Oldtimer erhalten geblieben bei der Wehr

Kdow | FF Unterschleißheim | BMW 520 i | 1983 | 1988 von privat | Eigenumbau | 1996 außer Dienst

Kdow | FF Ottobrunn | BMW 318 i | 1985 | 1987 von BMW Vorführfahrzeug | 1994 an Feuerwehr Nauplia (Griechenland)

Kdow | WF MBB-IABG Ottobrunn | VW Passat Variant C | 1986 | 1989 außer Dienst

Kdow | WF Bezirkskrankenhaus BKH Haar | VW Golf CL | 1990 | 2004 Eigenumbau aus NEF des ärztlichen Dienstes des BKH | 2010 außer Dienst

Kdow | FF Hofolding | Ford Sierra Turnier | 1991 | 1999 von privat | Eigenumbau | 2003 außer Dienst

Kdow | FF Haar | BMW 520 i |1992 | 1993 von WF BMW | 2011 außer Dienst

Kdow | FF Unterföhring | BMW 518 i touring | 1993 | 2011 außer Dienst

Kdow | WF Isar-Amper-Klinikum IAK Haar | Opel Astra 1,6 | 2000 | 2010 Eigenumbau aus NEF des ärztlichen Dienstes des IAK

Kdow | FF Baierbrunn | BMW 525 d touring | 2002 | 2009 Eigenumbau aus NEF | 2017 an Feuerwehrmuseum Bayern in Waldkraiburg

Kdow | WF Peroxid-Chemie Pullach | Ford Mondeo Turnier | Eigenumbau | 2002 | 2016 außer Dienst

Kdow | WF IABG Ottobrunn | Mercedes-Benz 220 cdi | Team Oettl | 2004 | ca. 2020 außer Dienst (ohu)

Kdow | WF TUM Garching | Audi A6 allroad quattro | 2006

Kdow | FF Ottobrunn | Audi A4 Avant 2,0 tdi | Binz | 2008 | 2012 Eigenumbau aus First Responder

Kdow | WF Helmholtz-Zentrum Neuherberg | BMW 320 xDrive touring | 2010 (ohu)

Kdow | WF United Initiators Pullach | Skoda Octavia 2.0 tdi 4x4 | Lütticke Brandschutztechnik | 2012 | 2016 erworben

Kdow | FF Ismaning | BMW i3 | 2018 (wro)

Kdow | WF TUM Garching | BMW 320 d xDrive touring | Häusler Funksysteme | 2019

Kdow | FF Oberschleißheim | BMW 220 xDrive Gran Tourer | Klein IKT | 2021

Kdow | Kreisbrandinspektion München-Land | BMW 520 d xDrive Touring | Haberl Electronic | 2022

Kdow | FF Gräfelfing | VW 181 | 1971 | 1980 außer Dienst (ube)

Kdow | FF Hohenbrunn | Opel Sintra GLS 2,2 | Geidobler | 1998 | 2015 an Bonoua (Elfenbeinküste)

Kdow | FF Planegg | Renault Kangoo 1,9 dTi | 2000 | 2012 außer Dienst

Kdow | FF Hofolding | Ford Galaxy 2,3 | Geidobler | 2003 | 2021 außer Dienst

Kdow | FF Planegg | Mitsubishi Pajero V6 | Geidobler | 1991 | 2003 außer Dienst

Kdow | FF Oberschleißheim | Suzuki Vitara | 1991 | 1993 von Suzuki gespendet | Eigenumbau | 2005 außer Dienst

Kdow | FF Garching | Nissan Patrol GR | Micra | 1993 | 2008 außer Dienst

Kdow | FF Unterschleißheim | BMW X5 | 2001 | 2004 von privat | Eigenumbau | 2013 an BRH Rettungshundestaffel Hamburg

Kdow | FF Taufkirchen | BMW X3 d | Abel & Käufl | 2006 | 2009 an FF Hohenbrunn (Lkr. München)

Kdow | FF Unterföhring | DB ML 280 CDI | Team Oettl | 2007 | 2017 an FF Baierbrunn (Lkr. München)

Kdow | FF Aschheim | Nissan Pathfinder 2,5 dci | Furtner & Ammer | 2007

Kdow | FF Taufkirchen | DB 320 G | Furtner & Ammer | 2009 (ohu)

Kdow | FF Brunnthal | BMW X5 | 2009 | 2010 | Eigenumbau

Kdow | FF Oberschleißheim | Audi Q5 2,0 tdi quattro | 2010 | 2021 außer Dienst

Kdow | FF Planegg | VW Amarok | Glück | 2015

Kdow | FF Heimstetten | VW Amarok | Lentner | 2015

Kdow | FF Unterhaching | BMW X5 xDrive 3.0d | 2017

Kdow | BtF Airbus Ottobrunn | VW Tiguan 2.0 tdi | VW | 2020

Kdow | FF Pullach im Isartal | VW T4 synchro | Furtner & Ammer | 1995 | 2018 außer Dienst

Kdow | FF Höhenkirchen | VW T5 TDI | 2004 | 2009 von Polizei übernommen | Eigenumbau | 2021 zum MTW umgebaut

Kdow | FF Gräfelfing | DB Vito 115 CDI 4x4 | Team Oettl | 2006

Kdow | FF Garching | VW T5 TDI | Furtner & Ammer | 2008

Kdow| FF Hohenbrunn | DB Vito 116 CDI 4x4 | Furtner & Ammer | 2015

Kdow | FF Hofolding | DB Vito 119 CDI 4x4 Tourer Pro | Klein IKT | 2021

Einsatzleitwagen ELW

Als Führungsfahrzeug des Löschzugs oder zur Leitung größerer Einsätze setzen einige Wehren einen Einsatzleitwagen ELW ein. Da die Aufgabe und die Beladung früher nicht so klar bestimmt waren, verwendete man die Bezeichnung ELW häufiger. Mit der Einführung des Mehrzweckfahrzeuges MZF in Bayern und der Vorgabe einer Mindestausrüstung verringerte sich die Anzahl von ELW bei den Freiwilligen Feuerwehren im Landkreis München. Manche bisherigen ELW erhielten den Funkrufnamen des MZF. Da der ELW zum Transport des Einsatzleiters dient und einen Arbeitsplatz für den Melder bzw. Führungsgehilfen bieten soll, handelt es sich um Kleinbusse. Die FF Unterschleißheim beschaffte 2014 einen etwas größeren ELW auf DB Sprinter 519 CDI 4x4 mit Kofferaufbau in Aluminium-Sandwichbauweise. Dieser gliedert sich in drei Bereiche. Türen führen seitlich in den Funkraum und den Besprechungsraum, im Heck befindet sich der Geräteraum. Hersteller ist die Firma Wietmarscher Ambulanz- und Sonderfahrzeuge WAS, die vor allem bekannt ist für Rettungswagen. Die Funktechnik ist von der Firma Klein.

Die nächst größere Ausführung trägt die Bezeichnung ELW 2 und dient dem stabsmäßigen Führen von Verbänden bei Großeinsätzen oder an großflächigen Schadenslagen. Im Aufbau des Fahrzeugs befinden sich ein Funk- und ein Besprechungsraum. Der Landkreis München beschaffte mit maßgeblicher Unterstützung der Kreissparkasse München im Jahr 1979 und somit relativ früh im Vergleich mit anderen bayerischen Kreisen und Städten einen Mercedes-Benz Bus aus der „Düsseldorfer-Baureihe" vom Typ O 309 und ließ ihn bei der Firma Bachert ausbauen. Die Ablösung kam 2006 auf der Basis eines Lastwagens mit Kofferaufbau, eine Bauform, die inzwischen für ELW 2 üblich geworden war. Entsprechend der Vorgaben der Norm DIN 14507 verfügt es über einen Funkraum und einen Besprechungsraum mit mindestens sieben Arbeitsplätzen. Zur autarken Stromversorgung ist ein 13-kVA-Stromerzeuger eingebaut. Es sind vier PC-Arbeitsplätze vorhanden. Zur umfangreichen Beladung gehören unter anderem acht analoge und sechs digitale Funkgeräte, SAT Daten-Übertragung, SAT Telefon und SAT TV, WLAN Access Points zur Abdeckung der Einsatzstelle, eine Mobile Sirenen-Warnanlage MobeLa 4, Lagekartentafeln, Kennzeichnungswesten und Einsatzpläne. Vorne und hinten am Koffer montierte der Aufbauhersteller Binz zwei pneumatisch ausfahrbare Funkmaste. Stationiert ist der ELW 2 wie sein Vorgänger im Katastrophenschutz-Zentrum Haar in der Fahrzeughalle der Freiwilligen Feuerwehr. Diese bringt das Fahrzeug zur Einsatzstelle, dort betreiben ihn die Mitglieder der Unterstützungsgruppe Örtliche Einsatzleitung.

Fahrzeugbestand im Landkreis München zum 1. Januar 2023

14 ELW 1 bei den FF Aschheim, Aying, Haar, Heimstetten, Neubiberg, Neuried, Oberschleißheim, Ottobrunn, Planegg, Unterföhring, Unterschleißheim, bei den WF TUM Garching, Helmholtz-Zentrum Neuherberg und der BtF Airbus Ottobrunn
1 ELW 2 der Kreisbrandinspektion München-Land Standort Haar

ELW 1 | WF TUM Garching | DB Sprinter 316 CDI | Eigenumbau | 2002

ELW 1 | WF EADS-IABG Ottobrunn | DB Sprinter 313 CDI | Team Oettl | 2005 | 2020 an BtF Airbus Ottobrunn

ELW 1 | FF Aschheim | VW T5 synchro | Furtner & Ammer | 2006 | 2020 außer Dienst (hjs)

ELW 1 | FF Unterschleißheim | DB Sprinter 519 CDI 4x4 | WAS | 2014

ELW 1 | FF Oberschleißheim | DB Sprinter 419 CDI | Rhode & Schwarz | 2019

ELW 1 | FF Neuried | VW T6 4motion | Schäfer | 2020

ELW 1 | FF Aschheim | VW Crafter 35 | Redcar | 2020

ELW 1 | FF Heimstetten | DB Sprinter 416 CDI | BOS-Mobile-Systeme | 2022

ELW 2 | Landkreis München Standort Haar | DB O 309 | Bachert | 1979 | 2006 an Feuerwehr Skawina (Polen)

ELW 2 | Landkreis München Standort Haar | DB Atego 1224 L | Binz | 2006

Mehrzweckfahrzeuge MZF

In fast jedem Gerätehaus steht ein Kleinbus zum Mannschafts- und Materialtransport und für die Fahrten zu den Kreisausbildungen. Je nach Ausführung und Beladung nannten sie sich früher Einsatzleit- oder Mannschaftstransportwagen. Anfang der 1980er Jahre setzte sich dafür die Bezeichnung Mehrzweckfahrzeuge MZF durch. In einer Technischen Baubeschreibung des Freistaats Bayern von 1982, die zuletzt 2018 eine Überarbeitung erfuhr, wird beschrieben, dass das Mehrzweckfahrzeug geeignet ist zur Aufnahme einer Staffel und einer feuerwehrtechnischen Beladung. Es ist vorwiegend zur Errichtung einer Führungsstelle sowie zum Transport von Mannschaft und Gerät bestimmt. Die Basis bilden serienmäßige Kleinbusse, möglichst mit einem Hochdach, und einem maximal zulässigen Gesamtgewicht von 4.000 kg bei Straßenantrieb und 4.300 kg bei Allradantrieb. Bei diesem Gewicht ist ein Führerschein der Klasse C1 oder der Feuerwehrführerschein erforderlich. In älteren Fassungen der Richtlinie lag aus diesem Grund das maximale Gesamtgewicht bei 3.500 kg, denn das ermöglichte das Fahren mit dem Pkw-Führerschein der Klasse B. Im Lauf der Jahre musste die Gewichtsgrenze aufgrund des zunehmenden Fahrzeuggewichts immer wieder angepasst werden. Die Ursachen lagen in der technischen Fortentwicklung des Fahrzeugbaus und der Anlagen zur Abgasreinigung.

Sowohl für den Mannschaftsraum als auch für den heckseitigen Laderaum sind jeweils eigene Türen vorgeschrieben. Vorne sitzen Fahrer und Fahrzeugführer auf Einzelsitzen. Die Mannschaft verteilt sich auf zwei Sitzbänken, wobei die vordere Bank entgegen der Fahrtrichtung gedreht eingebaut ist. Aufgrund dieser Anordnung bleibt Platz zwischen den Sitzbänken für einen beleuchteten Besprechungstisch mit Sprechfunkeinrichtung. Im Laderaum schützt eine 30 cm hohe Verkleidung mit Aluminiumblechen die Seitenwände. Bei vielen Feuerwehren bleibt der Laderaum leer, um einsatzbezogen Geräte einzuladen, zum Beispiel Wassersauger, Ölbindemittel oder benutztes Schlauchmaterial beim Rücktransport von der Einsatzstelle. Vereinzelt brachten Feuerwehren, die noch nicht über ein Löschfahrzeug mit Ausstattung zur technischen Hilfeleistung verfügten, in den 1980er Jahren im MZF die dafür er-

MZF | WF Linde Pullach | DB L 406 D | 1966 | Eigenumbau aus Röntgenmobil | 1992 an FF Wielenbach (Lkr. Weilheim-Schongau) (sem)

MZF | FF Neubiberg | DB 208 | Eigenausbau | 1978 | 1989 an FF Unterbiberg

MZF | FF Sauerlach | VW T2 | Hutterer | 1979 | 1983 von privat | 1991 außer Dienst

MZF | FF Baierbrunn | VW T3 | 1981 | 2001 außer Dienst

MZF | FF Hochbrück | VW LT 28 | Ziegler | 1986 | 2008 an Feuerwehr Kornica (Polen)

forderlichen Geräte wie Stromerzeuger, hydraulisches Rettungsgerät und Beleuchtungsmaterial unter. Mehrere Wehren, in denen sich Mitglieder als First Responder engagieren, transportieren in ihrem MZF die dafür vorgesehene Sanitätsausrüstung inklusive des Defibrillators.

Die Variantenvielfalt der Kleinbusse ergibt sich aus den Kombinationsmöglichkeiten von Radstand und Dachhöhe. Waren ab den 1970er Jahren die VW Busse in großer Anzahl verbreitet, änderte sich in den 1980er Jahren das Bild. 1977 brachte Mercedes-Benz das Baumuster T1 auf den Markt, umgangssprachlich nach seinem ersten Produktionsort „Bremer Transporter" genannt. Bereits 1978 stellten die FF Neubiberg und Ottobrunn davon die ersten Fahrzeuge in Dienst, sehr viele Wehren folgten. Die anderen heimischen Hersteller, nämlich Ford mit dem Transit und VW mit dem LT, konnten sich stückzahlmäßig nicht dagegen behaupten. 1995 präsentierte Mercedes-Benz mit dem Sprinter einen modernen Transporter, ausgestattet mit Scheibenbremsen an Vorder- und Hinterachse, Vorderrad-Einzelaufhängung, Antiblockiersystem, strömungsgünstig gestalteter Karosserie und vielen weiteren Innovationen. Sicherheit, Komfort und Effizienz gewannen auch bei den Transportern immer mehr Bedeutung. Der Arbeitsplatz am Lenkrad vermittelt die Atmosphäre wie im Pkw. Nach mehr als 1,3 Millionen verkauften Sprinter stellte Mercedes-Benz 2006 in der zweiten Generation eine umfassende Weiterentwicklung vor, die weitgehend baugleich mit dem VW Crafter war, welcher sich vom Sprinter durch andere Motoren und durch eine andere Gestaltung der Frontpartie unterschied. Die dritte Generation des Mercedes-Benz Sprinter gibt es seit 2018. Bis zu 1.700 Varianten ergeben sich aus der Kombination von drei Radständen, vier Aufbaulängen, drei Dachhöhen und vier Dieselmotoren. Erstmals in der Sprintergeschichte gibt es für die kleineren Varianten einen Frontantrieb. Den hochbeinigen Allradantrieb führt Mercedes bereits seit der ersten Sprinter-Generation im Programm.

Bei den Ausbauten der Kleinbusse zum MZF erlangten regionale Hersteller wie Furtner & Ammer in Landau an der Isar, Geidobler in Soyen oder die frühere Firma Team Oettl in München hohe Bedeutung. Letztere hat seit 2012 mit der Firma Glück in Gräfelfing eine Nachfolge im Sonderfahrzeugbau. Ein nicht geringer Teil der MZF entstand bei den Feuerwehren selbst. Im Gerätehaus rüstete man neu oder als Gebrauchtfahrzeug erworbene Kleinbusse um – so zum Beispiel bei der WF Linde in Pullach. Man hatte einen 1966 gebauten DB L 406 D mit Hochdach als Gebrauchtfahrzeug erworben. Dieser diente zuvor als Röntgenmobil für Reihenuntersuchungen zur medizinischen Früherkennung von Lungentuberkulose. In eigener Werkstatt entfernte man die medizintechnische Einrichtung und baute ihn zum Geräte- und Mannschaftstransport aus.

Einige Geländewagen und Pick-Up können dem Zweck nach auch den Mehrzweckfahrzeugen zugeordnet werden. So betrieb die FF Putzbrunn von 1998 bis 2020 einen gebraucht erworbenen Ford Maverick als Zugfahrzeug für den Verkehrssicherungsanhänger.

Fahrzeugbestand im Landkreis München zum 1. Januar 2023

38 MZF bei den FF Aschheim, Badersfeld, Baierbrunn, Dornach, Ebenhausen, Feldkirchen, Garching, Grasbrunn (2x), Grünwald, Haar, Harthausen, Heimstetten, Helfendorf, Hochbrück, Höhenkirchen, Hofolding, Hohenbrunn, Ismaning, Kirchheim, Oberbiberg, Oberhaching, Ottobrunn, Planegg, Putzbrunn (2x), Sauerlach, Siegertsbrunn, Straßlach, Taufkirchen, Unterbiberg und Unterhaching sowie bei der BtF Infineon Unterbiberg und den WF Bavaria Film, IAK Haar, Helmholtz-Zentrum Neuherberg (2x) und Linde Pullach

MZF | WF Bezirkskrankenhaus BKH Haar | DB 309 D | Eigenumbau | 1985 | 1988 aus Werksfuhrpark | 2006 außer Dienst

MZF | FF Unterhaching | DB 307 D | Ziegler | 1986 | 2020 an FF Unterschleichach (Lkr. Haßberge)

MZF | FF Höhenkirchen | DB 309 D | Geidobler | 1990 | 2009 außer Dienst

MZF | FF Oberhaching | DB 310 D | Geidobler | 1991 | 2008 an FF Oberbiberg (Lkr. München)

MZF | FF Putzbrunn | Ford Maverick 4x4 | 1994 | 1998 von privat | 2020 außer Dienst

MZF | WF Linde Pullach | VW T4 Caravelle tdi | Eigenumbau | 1997 | 2001 aus Werksfuhrpark

MZF | FF Aying | Ford Transit 190 L | 1999 | 2011 außer Dienst

MZF | FF Brunnthal | DB Sprinter 312 D 4x4 | Geidobler | 2000 | 2021 außer Dienst

MZF | FF Siegertsbrunn | DB Sprinter 313 CDI | Furtner & Ammer | 2003

MZF | FF Grasbrunn | Ford Transit 140 T 350 | Furtner & Ammer | 2008 | 2019 außer Dienst

MZF | FF Ismaning | DB Sprinter 316 CDI 4x4 | Team Oettl | 2009

MZF | WF Bavaria Film Grünwald | DB Vito 111 CDI | Geidobler | 2010

MZF | FF Hofolding | DB Sprinter 315 CDI 4x4 | Geidobler | 2011

MZF | FF Aying | Fiat Ducato 180 Multijet | Compoint | 2012 | Umbau zu ELW

MZF | FF Aschheim | DB Sprinter 316 CDI | Hensel | 2017

MZF | FF Badersfeld | DB Sprinter 316 CDI | Schäfer | 2020

MZF | FF Grasbrunn | DB Sprinter 419 CDI 4x4 | Furtner & Ammer | 2020

MZF | FF Ebenhausen | DB Sprinter 419 CDI 4x4 Iglhaut Performance | Glück | 2021

Mannschaftstransportwagen

Mannschaftstransport bei Einsätzen und Übungen sowie Fahrten zu Ausbildungsveranstaltungen lauten in der Regel die Aufgaben für die MTW. Lehrgänge veranstalten die drei Staatlichen Feuerwehrschulen Bayerns in Geretsried, Regensburg oder Würzburg. Die meisten Kurse der Kreisausbildung der Kreisbrandinspektion München-Land finden an der zentralen Ausbildungsstätte im Katastrophenschutzzentrum Haar statt. Um die Mitglieder von Fahrten mit ihren privaten Pkw zu entlasten, gehören bei fast allen Feuerwehren MZF oder MTW zum Fuhrpark.

Kleinbusse mit acht oder neun Sitzplätzen entweder neu vom Fahrzeughändler oder gebraucht erworben stellen die Basis zum Umbau als MTW dar. Das bedeutet Lackierung in rot – sofern nicht schon passend vom Hersteller angeboten –, Montage der Sondersignalanlage, Einbau der Funkanlage sowie der Halterungen für Feuerlöscher, Handlampe und Erste-Hilfe-Ausrüstung und zur Unterbringung von Warnwesten. Die derzeit gültige Technische Baubeschreibung für MTW des Bayerischen Staatsministeriums des Innern, für Sport und für Integration (Ausgabe 02/2020) sieht als Mindestbesatzung eine Staffel vor. In Hinblick auf die Führerscheinregelung ist die Anzahl der Sitzplätze auf maximal neun begrenzt. Die FF Gräfelfing hatte zeitweilig einen MTW im Bestand, der mit 15 Sitzplätzen bestuhlt war.

Weit verbreitet waren früher Fahrzeuge von Ford, etwa der FK 1250 später der Transit, und von VW die Transporter T1 und T2, allgemein als VW Bus oder Bulli bekannt, und dessen größeres Modell LT. Mercedes-Benz schickte sich an, mit der Vorstellung eines Kleinbusses die Marktführerschaft

MTW | FF Unterschleißheim | VW T2 | Eigenausrüstung | 1972 | 1990 außer Dienst

von Ford und VW zu übernehmen. Zum Ende der 1970er Jahre waren es zuerst die sogenannten Bremer Transporter, dann ab 1995 der Sprinter und das kleinere Modell Vito, die zunehmend bei den Feuerwehren im Landkreis München Einzug hielten. 2019 kam MAN mit dem Modell TGE als neuer Anbieter für MTW im Fuhrpark der Landkreisfeuerwehren hinzu. Das erste komplett vom MAN Bus Modification Center BMC in Plauen ausgebaute Feuerwehrfahrzeug erhielt die FF Straßlach. Besonderheit bei dem 2021 von der FF Brunnthal in Dienst gestellten MTW auf MAN TGE 3.180 4x4 ist der Einbau einer Brennstoffzelle eines Brunnthaler Forschungsunternehmens für die Stromversorgung. Sie versorgt die Bordbatterien, so dass ein Laufenlassen des Motors an der Einsatzstelle nicht mehr nötig ist. Bei der FF Aying steht einer der beiden MTW im Ortsteil Dürrnhaar in einer Garage, damit die dort wohnenden Mitglieder bei Alarm nicht mit Privatfahrzeugen zu dem fünf Kilometer entfernten Gerätehaus fahren müssen. Im Kasten auf dem Dach des MTW der FF Neufahrn befindet sich eine aufklappbare Verkehrswarnanlage, weil diese Wehr sehr häufig auf der Autobahn A 95 zum Einsatz kommt. Dass die FF Unterhaching drei MTW im Fuhrpark führt, liegt an der benötigten Transportkapazität für ihren Spielmannszug.

Fahrzeugbestand im Landkreis München zum 1. Januar 2023

37 MTW bei den FF Altkirchen, Arget, Aschheim, Aying (2x), Badersfeld, Brunnthal, Feldkirchen, Gräfelfing (2x), Haar, Helfendorf, Höhenkirchen, Ismaning, Kirchheim, Neubiberg, Neufahrn, Neuried, Oberhaching, Oberschleißheim, Planegg, Pullach im Isartal (3x), Putzbrunn, Riedmoos, Siegertsbrunn, Straßlach, Taufkirchen, Unterbiberg, Unterföhring (2x), Unterhaching (3x), Unterschleißheim (2x)

MTW | FF Gräfelfing | DB O 309 | Eigenausrüstung | 1977 | 1996 außer Dienst | 15 Plätze

MTW | FF Planegg | Ford Transit FT 130 D | Eigenausrüstung | 1977 | Umbau 1983 | 1990 außer Dienst

MTW | FF Ebenhausen | Ford Transit FT 100 | Eigenausrüstung | 1982 | 2000 außer Dienst

MTW | FF Harthausen | Ford Transit FT 130 D | Eigenausrüstung | 1984 | 2003 außer Dienst

MTW | FF Haar | DB 307 D | Eigenausrüstung | 1984 | 2006 außer Dienst

MTW | FF Pullach im Isartal | VW LT 28 | Christl | 1986 | 1988 Umbau zum KLAF

MTW | FF Neubiberg | Ford Transit | Eigenausrüstung | 1995 | 2004 Umbau aus Gemeindebus | 2012 außer Dienst

MTW | FF Unterschleißheim | DB Vito 112 CDI | Krümpelmann | 2001 | ca. 2010 außer Dienst

MTW | FF Putzbrunn | DB Sprinter 213 CDI | Eigenausrüstung | 2002 | 2018 außer Dienst

MTW | FF Unterhaching | DB Sprinter 315 CDI 4x4 | Geidobler | 2010

MTW | FF Badersfeld | Opel Vivaro 2800 | Eigenausrüstung | 2002 | Umbau 2020 aus MZF

MTW | FF Neufahrn | Opel Vivaro | Eigenausrüstung | 2007 | Umbau 2010

MTW | FF Arget | VW T5 | Lampe | 2010 | Umbau 2013

MTW | FF Siegertsbrunn | Citroën Jumper | Eigenausrüstung | 2011

MTW | FF Neubiberg | Ford Transit 115 T 350 | Compoint | 2012

MTW | FF Unterbiberg | Ford Custom 2.1 TDCi | Compoint | 2016

MTW | FF Oberschleißheim | Ford Transit 350 L | Binz | 2017

MTW | FF Haar | DB Vito 119 | Geidobler | 2018

MTW | FF Straßlach | MAN TGE 3.180 4x4 | MAN Bus Modification Center BMC | 2019

MTW | FF Brunnthal | MAN TGE 3.180 4x4 | Meisterbetrieb BMW Hohenbrunn Raymond Götz | 2020

Personenwagen Pkw

Für Besorgungsfahrten, für die Fahrt zu Lehrgängen oder für Bereitschaftsdienste des Einsatzleiters vom Dienst haben einige Wehren Personenwagen oder Großraumlimousinen angeschafft. Oftmals sind es junge Gebrauchtfahrzeuge, die zu Einsatzfahrzeugen umgebaut wurden oder frühere Kdow, die so noch eine Zeit lang weiter im Fuhrpark der Feuerwehren blieben. So umfasst die Beladung der beiden Pkw der FF Pullach im Isartal, die den Kommandanten und diensthabenden Einsatzleitern zur Verfügung stehen, je einen Rucksack mit der Ausstattung eines First Responder und zur Türöffnung sowie ein Atemschutzgerät zum Selbstschutz bei Erkundungen. Die WF TUM Garching verwendete den Smart vor allem für Dienstfahrten im vorbeugenden Brandschutz. Die FF Grasbrunn erwarb 2021 einen 2012 zugelassenen Audi Q5, der zuvor bei der FF Unterschleißheim als First Responder-Fahrzeug gelaufen war.

Pkw | FF Pullach im Isartal | Ford Galaxy 2,3 | Eigenausrüstung | 2000 | 2001 von Autovermieter übernommen | 2013 außer Dienst

Pkw| WF TUM Garching | Smart Fortwo | Team Oettl | 2003 | 2020 außer Dienst | ausgestellt im Feuerwehrmuseum Bayern in Waldkraiburg (hjs)

Pkw | FF Neubiberg | Fiat Multipla 1,6 BiPower | Eigenausrüstung | 2004 | 2016 Umbau aus Dienstfahrzeug der Gemeindeverwaltung

Fahrzeugbestand im Landkreis München zum 1. Januar 2023

5 Pkw bei den FF Grasbrunn, Neubiberg, Pullach im Isartal (2x) und bei der WF Bavaria Film Grünwald

Pkw | FF Pullach im Isartal | Nissan Qashqai 2.0 4x4 | Reinartz | 2012 | Umbau 2021 aus Einsatzfahrzeug des DRK Kreisverband Düren

Pkw | FF Pullach im Isartal | VW Passat Alltrack 2.0 tdi | Reinartz | 2018 | Umbau 2020 aus zivilem Pkw

Pkw | WF Bavaria Film Grünwald | DB Citan 109 d Tourer | Eigenausrüstung | 2018

Tragkraftspritzenfahrzeuge

Deutschlandweit liegt die Anzahl der Tragkraftspritzenfahrzeuge an der Spitze aller Löschfahrzeuge bei den Freiwilligen Feuerwehren, vermeldet die Fahrzeugstatistik des Deutschen Feuerwehrverbands für das Jahr 2019. Fast jedes dritte Löschfahrzeug ist ein TSF oder TSF-W. Und in Bayern steht bei 40 % der Freiwilligen Wehren eines dieser Fahrzeuge im Gerätehaus. Das TSF ist der kleinste Fahrzeugtyp für die Brandbekämpfung und findet sich vor allem in ländlichen Regionen bei Freiwilligen Feuerwehren in kleineren Ortschaften. Im Landkreis München sieht die Situation anders aus. TSF gibt es keines mehr und das einzige TSF-W steht bei der FF Pullach im Isartal.

Tragkraftspritzenfahrzeuge TSF

In seinen ersten Überlegungen listete der in der Nachkriegszeit gegründete Fachnormenausschuss Feuerlöschwesen im Jahr 1952 ein Kleinlöschfahrzeug KLF 6 mit eingeschobener Tragkraftspritze TS 6 auf. Dieser Typ hatte nur kurze Zeit Bestand, denn bereits 1955 trat das TSF mit einer Tragkraftspritze TS 8/8 an seine Stelle. Deshalb gab es nur ein einziges KLF 6 bei den Feuerwehren im Landkreis München. In der Nachkriegszeit buhlten viele Hersteller von Transportern in Deutschland um die Gunst der Kunden, die vom Pferdegespann auf motorisierte kleine Lieferwagen umstiegen oder ein Gewerbe als Fuhrunternehmer aufbauten. Zu diesen längst vergessenen Herstellern gehört Willy Ostner. Ursprünglich in Dresden produzierend, gründete er seine Firma nach dem Zweiten Weltkrieg neu in Sulzbach-Rosenberg. Rex 4 nannte sich der von einem 38 PS starken Ford-Motor angetriebene Kleintransporter, von dem bis zur konkursbedingten Einstellung der Produktion im Jahr 1956 knapp 1.300 Exemplare hergestellt wurden. Ziegler baute ein paar Kastenwagen zu KLF 6 aus. Einer davon fand 1955 seinen Weg in den Landkreis München zur FF Neuried. Diesen kaufte dann 1969 die FF Harthausen, wo er noch vier Jahre lang lief.

Großer Beliebtheit erfreute sich Mitte der 1960er Jahre der bei der Bundeswehr ausgemusterte Borgward B 2000 A/O 0,75 t gl bei den Feuerwehren. Denn mit seinem Allradantrieb bewältigte das robuste Fahrzeug fast jedes Gelände und brachte die Tragkraftspritze zu den Wasserentnahmestellen an Teichen, Seen, Bächen und Flüssen.

KLF 6 | FF Neuried | Ostner Rex 4 | Ziegler | 1955 | 1969 an FF Harthausen (Lkr. München) (ffnrd)

Übung bei der FF Pullach im Isartal in den frühen 1960er Jahren. Da das bestellte TSF noch nicht ausgeliefert war, stellte Magirus ein baugleiches Vorführfahrzeug zur Verfügung. Rechts der 1958 gebaute MTW, ebenfalls auf VW T1 (hpo)

Mannschaftswagen mit TSA | FF Arget | Borgward B 2000 A/O | Eigenumbau | 1957 | 1967 von Bundeswehr | 1997 außer Dienst | ausgestellt im Feuerwehrmuseum Bayern in Waldkraiburg

Transporter | FSM Fernsehstudio München Unterföhring | VW Transporter T2 | Eigenausrüstung | ca. 1975 | Umbau ca. 1982 | außer Dienst

In Bremen baute Carl F. W. Borgward ab den 1920er Jahren Fahrzeuge aller Art. Als Produzent von Kleinwagen, Personenwagen, Kleintransportern, Lastwagen und Omnibussen zählte die Firma zu den bekanntesten deutschen Fahrzeugherstellern bis es 1961 zum Konkurs kam. Bei der Erstausstattung der 1955 gegründeten Bundeswehr gewann Borgward den Auftrag für geländegängige Fahrzeuge mit 0,75 t Nutzlast. Solche Borgward des Baujahres 1957 mit dem geschlossenen Aufbau eines Funk- und Kommandowagen konnten die FF Hochbrück im Jahr 1965 und zwei Jahre später die FF Arget kaufen. Dort ersetzte man das Planenverdeck über dem Fahrerhaus durch ein selber konstruiertes Blechdach. Im ehemaligen Funkraum brachte man die Mannschaft unter und in den Stauraum im Heck bauten die Wehrmänner Halterungen für wasserführende Armaturen und Schlauchmaterial ein. Zusammen mit dem vorhandenen Tragkraftspritzenanhänger verfügte die Wehr nun erstmals über ein Löschfahrzeug. Der Hochbrücker Borgward wird wegen seines später erfolgten Umbaus im Kapitel Schlauchwagen vorgestellt.

Manche TSF entstanden in Eigenarbeit der Feuerwehren, die gebraucht erworbene Transporter ausbauten. Auf VW Bus T1 ist dieses aus den ausklingenden 1950er Jahren von der FF Grasbrunn bekannt. Ähnlich die Mitarbeiter der FSM Fernsehstudios München in Unterföhring, die einen VW Transporter T2 mit einiger Ausrüstung für Brandsicherheitswachen bei Dreharbeiten auf dem Betriebsgelände beladen hatten. Bei dem ebenfalls in Unterföhring ansässigen Bayerischen Rundfunk gab es von 1966 bis Mitte der 1990er Jahre eine Betriebsfeuerwehr, die sich aus Mitarbeitern der Studios und Werkstätten zusammensetzte. Sie bauten sich zuerst einen VW Bus T1 zum TSF aus. Dieser Arbeit unterzogen sie sich nochmals 1987. In dem ehemaligen Personalbus des BR auf VW T3 entfernten sie die Sitzbänke und bauten Halterungen für die seitlich eingeschobene Tragkraftspritze, Schläuche, wasserführende Armaturen und drei Atemschutzgeräte ein.

Die TSF setzten sich Mitte der 1950er Jahre durch, als mit dem legendären VW T1 „Bulli" und dem Ford FK 1000, später FK 1250, Kastenwagen auf den Markt kamen, die Platz und Nutzlast für die Ausrüstung boten. Mit einer feuerwehrtechnischen Beladung für eine Gruppe und eingeschobener Trag-

TSF | FF Oberhaching | Ford FK 1250 | Ziegler | 1960 | 1982 außer Dienst

TSF | FF Riedmoos | Ford Transit 130 | Ziegler | 1970 | 1996 außer Dienst

TSF | FF Heimstetten | VW LT 31 | Bachert | 1976 | 1999 außer Dienst

TSF | FF Unterbiberg | DB 308 | Ziegler | 1980 | 2001 an FF Neubiberg (Lkr. München) zum Umbau als KLAF

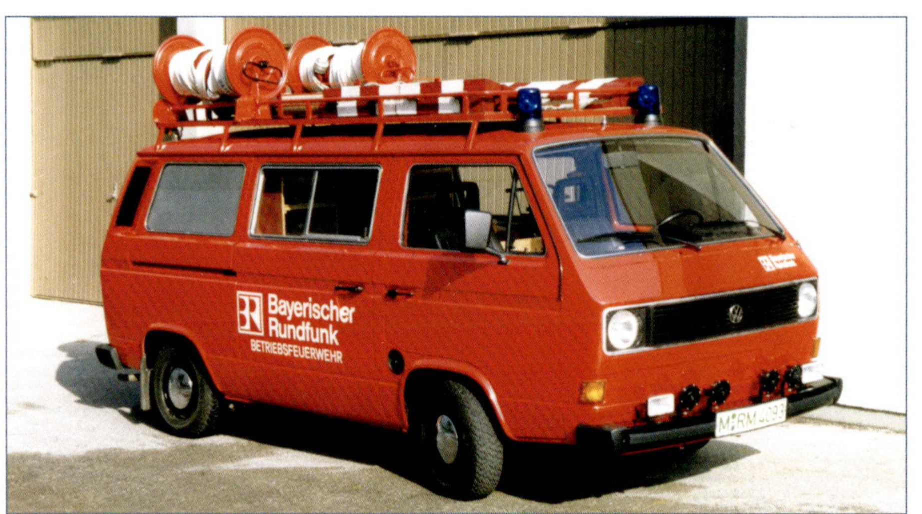

TSF-T | BtF BR Unterföhring | VW T3 | Eigenausbau | 1981 | 1987 aus Fuhrpark des BR | außer Dienst

kraftspritze war seine Besatzung in der Lage, einen Löschaufbau vorzunehmen. Das galt jedoch vor allem für den Ford, denn er bot Platz für sechs Sitzplätze, weil die Tragkraftspritze im Heck eingeschoben war. Beim VW verhinderte das der Heckmotor, die TS 8/8 steckte seitlich im Laderaum und es gab nur Sitzplätze für einen Trupp. Deshalb entschieden sich die FF Oberhaching und Planegg sowie die betrieblichen Feuerwehren von Fritzmeier Helfendorf, MBB Ottobrunn und der Elektrochemischen Werke Höllriegelskreuth für den Ford FK 1250. Den VW T1 gab es bei den FF Badersfeld, Ebenhausen, Grasbrunn und Pullach im Isartal. 1965 stellte Ford den neuen Transit 130 vor, der mit seiner robusten Technik, dem großen Platzangebot, der hohen Zuladung und einem günstigen Preis unangefochten den Markt für TSF eroberte. Diese Fahrzeuge kauften die FF Feldkirchen 1967 bei Ziegler, die FF Riedmoos 1970 ebenfalls bei Ziegler und die FF Badersfeld 1973 bei Bachert.

Mercedes-Benz und VW konnten erst ab Ende der 1970er Jahre dem Ford Transit Paroli bieten. Für den VW LT 31 entschieden sich 1976 die FF Heimstetten und 1981 die FF Pullach im Isartal. Diese stationierte ihn bei der Löschgruppe im Ortsteil Großhesselohe und musterte ihn als letztes TSF im Landkreis München Mitte des letzten Jahrzehnts aus, nachdem sie es noch einige Zeit für die Jugendausbildung eingesetzt hatte. Das einzige TSF im Landkreis München auf der neuen Transporterreihe von Mercedes-Benz stellte die FF Unterbiberg 1980 in Dienst.

Tragkraftspritzenfahrzeuge Wasser TSF-W

Ende der 1980er Jahre erhob sich die Forderung, dass auch bei kleineren Feuerwehren ein wasserführendes Fahrzeug stationiert werden sollte, um eine Brandausbreitung möglichst frühzeitig zu bekämpfen. Ein weiteres Argument lautete, dass zu kleineren Bränden außerhalb der Ortschaft nicht jedes Mal zusätzlich eine weitere Wehr mit einem Tanklöschfahrzeugen alarmiert werden müsse. So entstand das Tragkraftspritzenfahrzeug-Wasser TSF-W mit einem 500 Liter fassenden Wassertank. Zum Deutschen Feuerwehrtag 1990 in Friedrichshafen stellten mehrere Hersteller von Feuerwehrfahrzeugen ihre Prototypen für das TSF-W aus, 1991 folgte die Normung.

Bereits 1992 konnte die FF Baierbrunn das erste TSF-W im Landkreis München in Dienst stellen. Es war anfangs im damaligen Gerätehaus im Ortsteil Buchenhain stationiert. Weitere TSF-W auf dem damals sehr beliebten Fahrgestell des DB Vario liefen bei der FF Altkirchen und der FF Badersfeld. Bei diesem TSF-W im Oberschleißheimer Ortsteil handelte es sich um das einzige in den Landkreis München gelieferte Fahrzeug mit einem Aufbau der Firma GFT. Geiselmann Feuerwehr Technik GFT übernahm 1988 die Produktionsanlagen der bekannten früheren Firma Bachert in Bad Friedrichshall. Nach einer Neufirmierung als GFT German Fire Trucks und einem Umzug nach München an den früheren Standort der Firma Dornier in Allach, erloschen die Geschäftstätigkeiten wieder nach einer Konkursanmeldung im Jahr 1999.

Als Ersatz für ein TSF beschaffte die FF Pullach im Isartal im Jahr 2017 ein TSF-W auf DB Sprinter in kompakter Bauform. Die im Heck eingeschobene Tragkraftspritze lässt sich bedarfsweise durch Wechselcontainer für Sturm- und Wasserschäden austauschen.

Fahrzeugbestand im Landkreis München zum 1. Januar 2023

1 TSF-W bei der FF Pullach im Isartal

TSF-W | FF Baierbrunn | VW LT 45 | Ziegler | 1992 | 500 W | 2015 an FF Badersfeld (Lkr. München)

TSF-W | FF Badersfeld | DB Vario 612 D | GFT German Fire Trucks | 1998 | 500 W | 2015 an FF Lübs (Lkr. Vorpommern-Greifswald)

TSF-W | FF Altkirchen | DB Vario 612 D | Magirus | 1999 | 500 W | 2022 an FF Hitzelsberg (Lkr. Cham)

TSF-W | FF Pullach im Isartal | DB Sprinter 519 CDI | Rosenbauer | 2017 | 500 W

Mittlere Löschfahrzeuge

Mitte der 2000er Jahre erkannte man bei den Beratungen zur Norm des TSF-W, dass eine deutliche Lücke zum nächst größeren Löschfahrzeug, dem LF 10, klaffte. Diese wurde ab 2008 durch einen neuen Fahrzeugtyp geschlossen, genannt Staffellöschfahrzeug StLF 10/6. Seine wichtigsten Eckpunkte lauteten: Staffelbesatzung, eine vom Fahrzeugmotor angetriebene Feuerlöschkreiselpumpe FPN 10-1000 und mindestens 600 Liter Inhalt für den Löschwasserbehälter. Vorgesehen war ein zulässiges Gesamtgewicht von 7,5 Tonnen. Aus einsatztaktischen Gründen durfte die Wassermenge bis auf 1.000 Liter erhöht werden.

Auf der Messe Interschutz 2010 in Leipzig präsentierten die Aufbauhersteller ihre Ausführungen für diesen neuen Fahrzeugtyp. Das auf dem Rosenbauer-Stand gezeigte StLF 10/6 auf einem MAN TGL 8.180 soll das Fahrzeug gewesen sein, das kurz darauf bei der BtF Airbus Defence & Space in Unterschleißheim in Dienst ging. Seinen Aufbau nannte Rosenbauer CL, also Compact Line. Bei dessen Entwicklung stand die Optimierung von Nutzlast und nutzbaren Raum im Vordergrund. Die Lösung für eine leichte Konstruktion sah eine Aufbauschale sowie Dach- und Boden-Sandwichplatten aus Aluminium vor. Somit entfielen innen liegende Profile und Querwände. Die großflächigen Rollläden, die die Kontur des Radkastens umfassen, öffnen und schließen sich auf Knopfdruck elektrisch. Airbus gab bei einer Umstrukturierung des Unternehmens im Jahr 2015 den Standort Unterschleißheim auf. Einen Teil des Fuhrparks übernahm die WF Airbus im Werk Manching, dazu gehörte dieses StLF 10/6.

Die bundesweite Einführung des digitalen BOS-Funks machte eine einheitliche Typbezeichnung erforderlich, die auf dem Display des Funkgerätes angezeigt wird sowie klar zu sprechen und problemlos zu verstehen ist. Deshalb änderte sich 2012 die Bezeichnung

StLF 10/6 | BtF Airbus Defence & Space Unterschleißheim | MAN TGL 8.180 4x2 BB | 2010 | 600 W | 2015 an WF Airbus Defence & Space Manching (Lkr. Pfaffenhofen a. d. Ilm) (Aufnahme am Standort Manching)

MLF | FF Grasbrunn | Iveco Daily 72-180 4x4 | Rosenbauer | 2018 | 800 W 50 S

StLF 10/6 in Mittleres Löschfahrzeug MLF. In der aktuellen Fassung der DIN 14530 Teil 25 ist das MLF den Masseklassen L II (4,75 bis 7,5 Tonnen) und M I (7,5 bis 9 Tonnen) zugeordnet. Zwei von drei im Landkreis München in Dienst gestellten MLF entsprechen der Klasse L II. Das hat den Vorteil, dass die MLF der FF Grasbrunn und Ottobrunn mit dem Feuerwehrführerschein gefahren werden dürfen. Dabei handelt es sich um eine Sonderfahrberechtigung für Einsatzfahrzeuge bis 7,5 Tonnen. Der kosten- und zeitaufwändige Erwerb des Lastwagenführerscheins ist nicht erforderlich.

Das seit 2019 im Gerätehaus Neukeferloh der FF Grasbrunn stationierte MLF auf Iveco Daily 72-180 4x4 mit Rosenbauer-Aufbau ersetzte ein LF 8. Einsatztaktisch hat es den Vorteil, mit dem 800 Liter fassenden Löschwassertank eine Brandbekämpfung einleiten zu können. Da das Gerätehaus in unmittelbarer Nähe zur B 304 und der Auffahrt auf die A 99 gelegen ist, bestückte man es mit einem akkubetriebenen hydraulischen Rettungsgerät.

Die FF Ottobrunn verzichtete bei ihrem 2020 gebauten MLF auf Fuso Canter 7C18 auf einen tragbaren Stromerzeuger, der Platz benötigt und Nutzlast kostet. Der von Lentner integrierte Stromgenerator leistet 5 kVA. Als Ersatz für ein KLAF konzipierte man zusätzlich zur eigentlichen Aufgabe der Brandbekämpfung das MLF für die Vielfalt kleiner technischer Hilfeleistungen wie Türöffnung, Wasserschaden, Ölspur, Sturmschaden, Tiereinsatz oder Bahnerdung. Zur Beladung zählen auch Lkw-Rettungsgerüst, Sichtschutzwand und ein akkubetriebener Kombispreizer. Das MLF ist mit seinen kompakten Abmessungen und der Breite von 2,3 Meter die Antwort auf die in den letzten Jahren stark zugenommene Verkehrsbelastung und die zugeparkten Straßen. Deshalb steht es in der Ausrückeordnung in eng bebauten Ortsbereichen und den Bungalowsiedlungen an erster Stelle des Löschzuges.

Das erste Einsatzfahrzeug im Landkreis München auf der neuen, im Jahr 2020 von MAN vorgestellten Lkw-Generation, stellte 2022 die FF Altkirchen in Dienst. Das MLF baute Ziegler auf dem MAN 8.220 mit serienmäßiger Doppelkabine auf. Das zulässige Gesamtgewicht liegt bei 8,8 Tonnen, was einen Löschwasserbehälter von 1.000 Liter ermöglichte.

Fahrzeugbestand im Landkreis München zum 1. Januar 2023

3 MLF bei den FF Altkirchen, Grasbrunn, Ottobrunn

MLF | FF Ottobrunn | Fuso Canter 7C18 | Lentner | 2020 | 600 W

MLF | FF Altkirchen | MAN TGL 8.220 4x2 BB CH | Ziegler | 2022 | 1.000 W

Löschgruppenfahrzeuge

Die Löschgruppenfahrzeuge sind die Arbeitspferde der Feuerwehr. Entsprechend umfangreich ist die Anzahl der Typen. Die Palette reicht von klein – dem LF 8 – bis groß – dem HLF 20. Einige Typen, wie das LF 8 oder das LF 16 TS, sind im Lauf der Jahrzehnte sowohl aus der Normung als auch aus den Gerätehäusern der Feuerwehren im Landkreis München verschwunden. Stellt man Löschgruppenfahrzeuge, die zur Ausmusterung anstehen, neben ihre Nachfolger, erkennt man nicht nur die gewachsenen Abmessungen. Sie transportieren heute mehr Beladung und größere Löschmittelbehälter. So kam die Ausrüstung zur technischen Hilfeleistung hinzu und die Feuerwehren können ihre Einsatzaufgaben universeller mit einem einzigen Fahrzeug abdecken. Das kompensiert auch die schwieriger werdende Verfügbarkeit von Einsatzkräften, insbesondere bei Alarmen tagsüber während der Arbeitszeit.

Löschruppenfahrzeuge LF 8

Das LF 8 griff das Konzept des Leichten Löschgruppenfahrzeuges LLG auf. Die Besatzung zählte neun Einsatzkräfte, also eine Löschgruppe als Basiseinheit für die Brandbekämpfung. Die Mitglieder des Fachnormenausschusses für das Feuerlöschwesen diskutierten heftig in den 1950er Jahren über mehrere Ausführungen: mit oder ohne Vorbaupumpe, mit Tragkraftspritze im Anhänger oder eingeschoben im Aufbau. Die Feuerwehren in Bayern setzten auf die Ausführung mit zwei Pumpen: eine Vorbaupumpe mit 800 l/min Leistung bei 80 m Wassersäule (WS) und eine im Heck im Aufbau eingeschobene Tragkraftspritze mit derselben Leistung. Für viele Streitgespräche sorgten in den 1950er und 1960er Jahren die Vor- und Nachteile einer Heck- oder Seitenbeladung. Heckbeladung galt als kostengünstiger, allerdings drängelte sich die gesamte Mannschaft an den Hecktüren, um gleichzeitig Tragkraftspritze, Saugschläuche, Armaturen und Schlauchmaterial zu entnehmen. Das ging reibungsloser bei der Seitenbeladung, wenn sich die Einsatzkräfte auf die

LF 8 | FF Oberhaching | Ford FK 2000 | Magirus | 1953 | 1974 an Fliegerclub München Neubiberg | als Oldtimer erhalten geblieben bei der FF Oberhaching

Türen der Geräteräume an beiden Seiten und am Heck verteilen konnten.

Mitte der 1950er Jahre interessierten sich immer mehr Wehren für die Beschaffung eines fabrikneuen LF 8. Sei es, weil abgewirtschaftete Löschfahrzeuge aus der Vorkriegs- und Kriegszeit ersetzt werden mussten oder weil man nicht mehr bei jedem Alarm erstmal ein Zugfahrzeuges für den Tragkraftspritzenanhänger organisieren wollte. Ein eigenes Fahrzeug sicherte das zügige Ausrücken. Kreisbrandinspektor Hans Scherzl sen. (Dienstzeit 1929 bis 1960) sowie sein Sohn Hans Scherzl jun., der ihm von 1960 bis 1970 in dieser Funktion folgte, warben sehr für die Modernisierung der Wehren mit dem LF 8.

Offiziell kannte die Norm ab den 1970er Jahren zwei Varianten beim LF 8, nämlich mit Beladeplan 1 und mit Beladeplan 2. Der Beladeplan 1 legte den Schwerpunkt auf die Brandbekämpfung. Die entsprechende Funkkennzahl lautete 43. Der Beladeplan 2 bot zusätzlich Platz- und Gewichtsreserven für eine technische Hilfeleistungsbeladung. Als Funkkennzahl galt dann 42. Diese LF 8 brauchten dafür einen größeren Gerätekoffer, der auf einem Fahrgestell mit längerem Radstand saß. Obwohl nie in einer Baurichtlinie oder Norm festgeschrieben und daher nicht klar definiert, hatten sich im allgemeinen Sprachgebrauch die inoffiziellen Bezeichnungen „LF 8 leicht“, „LF 8 mittel“ und „LF 8 schwer“ eingebürgert. Unter den leichten LF 8 verstand man Fahrzeuge mit einem zulässigen Gesamtgewicht bis 5 Tonnen. Sie waren mit der Ausrüstung für die Brandbekämpfung beladen und an einem kurzen Aufbau mit einem seitlichen Geräteraum zu erkennen. Charakteristisch für das mittlere LF 8 war die Ausführung mit Straßenantrieb bis zu einem Fahrzeuggewicht von 7,5 Tonnen. Des-

LF 8 | WF Bezirkskrankenhaus BKH Haar | Ford FK 3500 V8 | Magirus | 1955 | 1976 außer Dienst (wfiak)

LF 8 | FF Taufkirchen | Opel Blitz 1,75-Tonner | Metz | 1956 | 1990 außer Dienst | als Oldtimer erhalten geblieben bei der Wehr

LF 8 | FF Garching | Opel Blitz 1,75-Tonner | Ziegler | 1957 | 1987 außer Dienst | als Oldtimer erhalten geblieben bei der Wehr

sen längerer Radstand ermöglichte Aufbauten mit zwei seitlichen Geräteräumen. In diesen fanden in der Regel nach Beladeplan 2 die Geräte für die technische Hilfeleistung Platz. Der Begriff schweres LF 8 war wegen seines Gewichts den Fahrzeugen mit Allradantrieb vorbehalten. Anfangs lag das zulässige Gesamtgewicht bei 7,5 Tonnen, also passend zur damaligen Führerscheinklasse 3 für Pkw. Später stieg das Fahrzeuggewicht auf 9 Tonnen.

LF 8 | FF Unterföhring | Ford FK 2500 | Ziegler | 1961 | 1987 an Feuerwehr Caminha (Portugal) (hjp)

LF 8 | FF Hohenschäftlarn | Opel Blitz 1,9-Tonner | Ziegler | 1962 | 1987 außer Dienst

LF 8 | FF Dornach | DB LF 407 | Ziegler | 1967 | 1987 an BtF Hilti Kaufering (Lkr. Landsberg am Lech)

LF 8 leicht

Viele heute vergessene Fahrzeughersteller buhlten in den 1950er und 1960er Jahren um die Gunst der Käufer. Borgward, Mercedes-Benz, Faun, Ford, Hanomag oder Opel standen zur Wahl. Während einige Marken vom Markt verschwanden, kamen in der zweiten Hälfte der 1970er Jahre neue Anbieter hinzu wie Iveco und VW-MAN. Die Vielfalt der leichten LF 8 blieb im Landkreis München übersichtlich. Die ersten LF 8 waren von Ford, dann verkaufte Opel die meisten Fahrzeuge. Zum Schluss dominierte Mercedes-Benz. Bei der Auswahl der Aufbauhersteller war es ebenso: Magirus und Ziegler beherrschten den Markt, einzelne Fahrzeuge von Bachert und Metz kamen hinzu.

Das erste fabrikneue LF 8 im Landkreis stellte 1953 die FF Oberhaching in Dienst. Fast in Vergessenheit geraten ist, dass Ford in Köln auch mal Lastwagen herstellte. Die 1951 vorgestellte Baureihe FK bekam mit ihrer geschwungenen Form und den Chromstreifen an der Motorhaube ein als typisch amerikanisch empfundenes modernes Aussehen. Dabei standen die Buchstaben FK für Ford Köln. Magirus in Ulm setzte auf das Ford FK 2000-Fahrgestell den Aufbau mit Seitenbeladung und montierte die Vorbaupumpe. Fotos aus dem Archiv der Unterhachinger Firma Hut-

LF 8 | FF Aschheim | DB LF 408 | Ziegler | 1970 | 1992 an FF Liegau-Augustusbad (Lkr. Bautzen)

terer, die auf Mitte der 1950er Jahre datiert sind, zeigen, dass man wohl sehr fortschrittlich dem LF 8 nachträglich einen Wassertank eingebaut haben müsse, weil eine feste Leitung aus dem Aufbau zum Saugeingang der Pumpe führte. Jahrzehnte später restaurierten Mitglieder der Oberhachinger Wehr mit großem Engagement den Oldtimer. Als stärkste Motorisierung bot Ford das Modell FK 3500 mit einem 95 PS leistenden Vergasermotor in V8-Bauweise an. Die WF Bezirkskrankenhaus BKH Haar stellte 1955 ein solches LF 8 mit Aufbau von Magirus in Dienst. Die FF Haar kaufte vermutlich 1969 ein nahezu baugleiches LF 8 als Gebrauchtfahrzeug für die Löschgruppe in Ottendichl. Bevor Ford 1962 seine Lastwagenproduktion nach Misserfolgen mit einer neuen Baureihe einstellte, erhielt die FF Unterföhring 1961 noch ein LF 8 auf FK 2500 mit Ziegler-Aufbau. Ein baugleiches LF 8 mit dem markanten Kühlergrill mit seinen verchromten spitzen Streben lief von 1961 bis 1978 bei der FF Planegg.

LF 8 und Opel Blitz waren zwei Begriffe, die lange Zeit untrennbar zusammengehörten. 1957 hätten über 80 Prozent der Käufer eines LF 8 den Opel Blitz gewählt, meldete Opel voller Stolz in einer Anzeige in der Fachzeitschrift *Brandschutz*. Den Opel Blitz mit 1,75 Tonnen Nutzlast stellte Opel 1952 vor. Seine weichen Rundungen der Kotflügel, der Motorhaube, die Wölbungen an den Türen und Dach und die angeschrägte zweiteilige Windschutzscheibe sowie die Chromstäbe im Grill verkörperten im Nachkriegsdeutschland das als attraktiv empfundene, aus Amerika übernommene Design. Unter der Haube werkelte ein 6-Zylinder-Benzinmotor, der sonst die Oberklassenlimousine Opel Kapitän antrieb. Er leistete 62 PS, ab 1959 dann 70 PS. Im Landkreis München wählten mehrere Wehren diesen Opel Blitz, als erste 1953 die FF Hohenbrunn mit Aufbau von Metz. 1956 folgte die Nachbarwehr Taufkirchen. Drei LF 8 durfte Ziegler im Jahr 1957 in den Landkreis München ausliefern, nämlich an die FF Garching, Neubiberg und Unterschleißheim.

Wenige Jahre später änderte sich der modische Geschmack. Nüchtern glatte und schnörkellose Formen waren nun gefragt. Zudem kostete eine ausladend lange Motorhaube wertvolle Ladefläche. So zweckdienlich zeigte sich der 1959 vorgestellte Opel Blitz 1,9-Tonner. Seine abgeschrägte Haube bot ausgezeichnete Sichtverhältnisse auf die Straße. Innen bemühten sich die Opel-Konstrukteure, den Stallgeruch eines Lastwagens abzulegen und orientierten sich bei Lenkrad, Instrumentierung und Schalter im Armaturenbrett am Personenwagen. Um im Markt der LF 8 gegen die stärker werdende Konkurrenz zu bestehen, setzte Opel auf einen kostengünstigen Einheitsaufbau. Diesen fertigte die Würzburger Firma Voll im Auftrag von Opel. Den Feuerwehrausrüstern blieben lediglich die Arbeiten zur Montage der Vorbaupumpe und der Innenausbau. Mit Ausbau von Ziegler liefen diese LF 8 bei den FF Brunnthal und Hohenschäftlarn.

1965 trat Opel mit einem überarbeiteten Modell und der auf 2,4 Tonnen gestiegenen Nutzlast an, um seinen schwindenden Marktanteil zurück zu gewinnen. Unter der kantiger geformten Motorhaube steckte nun ein 80 PS starker 6-Zylinder-Reihenmotor. Der Einheitsaufbau für das LF 8 kam weiterhin von der Firma Voll. Das einzige LF 8 in dieser Bauform im Landkreis lief ab 1971 bei der FF Dingharting. Kurz darauf, im Jahr 1974, verabschiedete sich Opel aus dem Nutzfahrzeugmarkt.

Zum schärfsten Konkurrenten des Opel Blitz hatte sich Mercedes-Benz entwickelt. Mit dem Modell „319" zielten die Schwaben ab 1955 auf den Markt für Transporter. Mit seiner platt gedrückten Front und der ganz vorne platzierten Vorderachse dachten die Entwicklungsingenieure nicht an Designpreise sondern ganz praktisch an beste Wendigkeit im Stadtverkehr und hohe Transportökonomie. Der wirtschaftliche Dieselmotor fand bei den Feuerwehren keine Beachtung. Dort zählte nur der Benziner, weil er ohne

LF 8 | FF Dingharting | Opel Blitz 2,4-Tonner | Ziegler | 1971 | 2001 außer Dienst

LF 8 | FF Neufahrn | DB LF 408 | Ziegler | 1972 | 1995 an FF Unterhohenried (Lkr. Haßberge)

LF 8 | WF GSF Neuherberg | DB LF 408 | Bachert | 1975 | 2004 außer Dienst

LF 8 | FF Hofolding | MD 90 M 5,7 F | Magirus | 1981 | 1998 an FF Schwarzach (Lkr. Kitzingen)

LF 8 | WF IABG Ottobrunn | DB 709 D | Metz | 1988 | 2011 von FF Ilmmünster (Lkr. Pfaffenhofen a. d. Ilm) | 2021 außer Dienst (ohu)

Vorglühen schneller startete und spritziger auf der Einsatzfahrt unterwegs war. Je nach Produktionsjahr leistete der 4-Zylinder-Motor 68 bis 80 PS. 1963 kaufte die FF Straßlach bei Ziegler ein LF 8, 1967 folgte die FF Dornach.

Nach dem „319er" kam bei Mercedes-Benz der „Düsseldorfer Transporter". Sein Name bezieht sich auf seinen Produktionsort, nämlich Düsseldorf. Diese Baureihe entwickelte sich in Deutschland ab dem Ende der 1960er Jahre schnell zum unangefochtenen Marktführer für LF 8. Unter der kurzen Fronthaube steckte ein temperamentvoller 4-Zylinder-Benzinmotor mit 85 PS. Fast 25 Jahre lang blieb der „Düsseldorfer" bis auf ein paar kleine optische Retuschen unverändert im Programm. Was sich änderte, war die Ausführung der Aufbauten. Die bislang üblichen breiten, seitlich angeschlagenen Drehtüren wichen bei den meisten Herstellern Ende der 1960er Jahre den sich nach oben öffnenden Schwingtüren. Lange blieben diese nicht im Programm, bereits zu Beginn der 1970er Jahre führten alle Hersteller den Rollladen aus Leichtmetall-Profilen ein. Diese Entwicklung lässt sich bei diesen LF 8 mit Ziegler-Aufbau bei den Feuerwehren im Landkreis nachvollziehen: 1968 mit Drehtüren bei der FF Aying, 1970 mit Schwingtüre bei der FF Aschheim. Zwischen 1972 und 1982 gingen LF 8 mit Rollladen an die FF Altkirchen, Grasbrunn, Neufahrn, Oberhaching und Siegertsbrunn sowie an die WF Linde Pullach. Lediglich die WF GSF Neuherberg entschied sich für den Aufbauhersteller Bachert.

Die Nachfolge der „Düsseldorfer-Baureihe" trat 1986 bei Mercedes-Benz der sogenannte „Transporter 2" an. Die WF IABG Ottobrunn hatte 2011 Bedarf an einer fahrbaren Pumpe und erwarb das zum Verkauf stehende LF 8 der FF Ilmmünster, einen DB 709 D mit einem Aufbau von Metz von 1988. Im stückzahlkräftigen Marktsegment der leichten LF 8 war Magirus nur als Außenseiter vertreten. Mangels eigenem Fahrgestell verwendete Magirus für seine Aufbauten Ford- und Opel-Fahrgestelle. Erst im Jahr 1975 brachte der Zusammenschluss von Fiat Nutzfahrzeuge mit Magirus-Deutz unter dem neuem Namen Iveco (Industrial Vehicle Corporation) die Lösung. In diesen Firmenverbund brachte Fiat ein passendes Fahrgestell ein. So präsentierten die Ulmer 1976 die neue Baureihe unter dem Namen „der kleine Magirus". Sehr luftig wirkte seine Kabine, denn die Basis für das LF 8 stellte der Kastenwagen mit Hochdach dar. Das einzige Feuerwehrfahrzeug aus dieser Magirus-Generation im Landkreis München lief von 1981 bis 1998 bei der FF Hofolding.

LF 8 mittel

In der 1969 veröffentlichten Fassung der Norm DIN 14 530 Teil 7 findet sich für LF 8 die Erhöhung des zulässigen Gesamtgewichts auf 7.500 kg. Das Angebot für das so genannte „LF 8 mittel"

LF 8 | FF Harthausen | DB LPKF 608 | Ziegler | 1974 | 2016 außer Dienst

war überschaubar. Mercedes-Benz, Magirus – später dann Iveco – und VW-MAN lauteten die Fahrgestellhersteller. Allerdings haben sich die Feuerwehren im Landkreis München nur für Mercedes-Benz entschieden. Das war zuerst die LP-Baureihe. Dessen 85 PS starker 4-Zylinder-Dieselmotor saß so weit hinten auf dem Fahrgestellrahmen, dass die Konstrukteure der Feuerwehrgerätehersteller die Vorbaupumpe FP 8/8 am vorderen Ende des Rahmens einbauen konnten. Pumpenkörper, Sauganschluss und B-Abgänge ragten nur wenige Zentimeter nach vorne aus dem Fahrerhaus hervor. Diese LF 8 mit Bachert-Aufbau gab es bei der FF Haar, mit Metz-Aufbau bei der FF Hohenbrunn sowie mit Ziegler-Aufbau bei den FF Harthausen und Planegg. Mit einem Facelift frischte Mercedes-Benz 1977 die LP-Baureihe auf, erkennbar am Kunststoffgrill und dem Einbau der Scheinwerfer in der Stoßstange. Die Fahrgestellbezeichnung änderte sich auf LP 709. In dieser Ausführung gab es das LF 8 mit Bachert-Aufbau bei der FF Kirchheim und mit Ziegler-Aufbau bei den FF Garching, Sauerlach und Straßlach. Ab Beginn der 1980er Jahre konnten die Feuerwehren auch den 130 PS leistenden 6-Zylinder-Dieselmotor ordern. Bei diesem größeren Motor passte die Pumpe nicht mehr unter die Kabine. Sie war auf einem Tragrahmen vor der Stoßstange befestigt. Die FF Grasbrunn stationierte dieses LF 8 im Gerätehaus Neukeferloh. Um zügig einen Löschangriff vorzunehmen, ersetzte man im Lauf der Zeit die im Heck eingeschobene TS 8/8 durch eine Hochdrucklöschanlage mit 125 Liter Wasser. Ein weiteres LF 8 auf diesem DB LP 813-Fahrgestell mit Ziegler-Aufbau lief von 1984 bis 2013 bei der FF Ismaning.

„LN2“ löste 1984 „LP“ bei Mercedes-Benz ab. Der neue Name leitete sich von der internen Bezeichnung „Lastwagen Neu der zweiten Gewichtsklasse“ ab. Für das LF 8 kam der Typ DB 814 F in Frage. Bei jedem Aufbauhersteller sahen diese Fahrzeuge gleich aus mit Vorbaupumpe, langer Gruppenkabine und dem separaten Gerätekoffer mit seitlich zwei Rollladen. Bachert stellte noch einige LF 8 auf diesem Fahrgestell her, bevor die Firma Ende 1987 vom Markt verschwand. Möglicherweise handelt es sich bei dem Fahrzeug der 1987 eingerichteten BtF Siemens Unterschleißheim um das Vorführfahrzeug von Bachert, weil es 1986 gebaut wurde. Auch die FF Höhenkirchen hatte eines

LF 8 | FF Haar | DB LPKF 608 | Bachert | 1976 | 2008 an FF Ichstedt (Lkr. Kyffhäuserkreis)

LF 8 | FF Hohenbrunn | DB LPKF 608 | Metz | 1977 | 2009 außer Dienst

LF 8 | FF Planegg | DB LPKF 608 | Ziegler | 1978 | 1997 an FF Bärenstein (Lkr. Erzgebirgskreis)

LF 8 | FF Sauerlach | DB LP 709 | Ziegler | 1978 | 2002 an FF Limbach (Lkr. Haßberge)

LF 8 | FF Grasbrunn| DB LP 813 | Ziegler | 1985 | 2019 außer Dienst

LF 8 | BtF Siemens Unterschleißheim | Bachert | 1986 | bis 1987 Vorführfahrzeug bei Bachert | 2010 an FF Altheim (Lkr. Landshut)

LF 8 | FF Hohenschäftlarn | Ziegler | 1987 | 2019 an Feuerwehr Pidkamin (Ukraine)

der seltenen LF 8 dieses Herstellers. Ebenfalls 1987 stellten die FF Dornach, Hochbrück und Hohenschäftlarn LF 8 von Ziegler in Dienst. Das geschah kurz vor dem Auslaufen der Norm für das LF 8. 1990 trat das LF 8/6 die Nachfolge an.

LF 8 schwer

Wer auf Allrad bei der Beschaffung des LF 8 setzte, konnte in den 1950er und zu Anfang der 1960er Jahre nur den Borgward B 522 A-O kaufen. Andere Hersteller gab es in dieser Gewichtsklasse nicht. Der bekannte Personenwagen- und Nutzfahrzeughersteller schlitterte im Zuge der Wirtschaftsrezession um 1961 in Liquiditätsprobleme, was zum Niedergang des damals größten industriellen Arbeitgebers in Bremen führte. Das drohende Ende von Borgward erkannten die Käufer entweder nicht, oder es schreckte sie in Hinblick auf die technischen Qualitäten des Lastwagens nicht ab, denn noch 1961 lieferte Ziegler viele dieser LF 8 aus. Dazu gehörte auch die FF Höhenkirchen. Bereits zwei Jahre zuvor hatte die FF Ismaning ein baugleiches LF 8 erworben. Für deren Langlebigkeit spricht, dass an beiden Orten die Fahrzeuge nach ihrer Ausmusterung als Oldtimer erhalten geblieben sind.

Faun ist ein Firmenname, bei dem man sich an Schwerlastzugmaschinen, Militärfahrzeuge, Autokrane sowie Fahrgestelle für mächtige Flughafenlöschfahrzeuge erinnert. Aber auch im Segment für leichte Nutzfahrzeuge war die Firma in den 1960er Jahren für kurze Zeit aktiv. Aus jener Zeit stammten einige LF 8, die mit groß dimensionierter Geländebereifung und hoher Bodenfreiheit den Einsatzort oder die Wasserentnahmestellen abseits befestigter Straße erreichen konnten. Die Aufbauten auf dem Fahrgestell Faun F 24 DL kamen exklusiv von Magirus, zudem waren sie mit dem luftgekühlten 64 PS starken Deutz-Diesel-Motor ausgestattet. Die Frontpumpe verbarg sich komplett hinter einer Klappe in der Fahrzeugfront. Es gab drei LF 8 auf Faun bei den Feuerwehren im Landkreis München. Keines von ihnen kam auf eine lange Dienstzeit: FF Pullach 1961 bis 1980, FF Baierbrunn 1963 bis 1978 und FF Helfendorf 1964 bis 1972. Die dominierenden Fahrgestellanbieter für schwere LF 8 hießen Mercedes-Benz und Magirus-Deutz. Das einzige LF 8 auf dem Kurzhauber von Mercedes-Benz lief ab 1979 mit Aufbau von Ziegler bei der FF Ebenhausen. Komplett aus eigenem Haus, das wurde bei dem LF 8 für Magirus erst ab Mitte der 1960er Jahre möglich: In der neuen Frontlenkerbaureihe hatten die Ulmer nun ein eigenes Allradfahrgestell mit 7,5 Tonnen zulässigem Gesamtgewicht im Programm. Der luftgekühlte 6-Zylinder-Dieselmotor war typisch für diese Magirus-Frontlenkergeneration. Vor dem Motor fand die Vorbaupumpe FP 8/8 Platz. Nach Verschieben der beiden mittigen Felder des Kühlerschutzgitters konnte der Maschinist die Schläuche anschließen und die Pumpe bedienen. Der Sauganschluss steckte darunter in der Stoßstange. Von 1972 bis 2003 lief ein solches LF 8 bei der FF Helfendorf. Und von 1978 bis 2011 setzte die FF Baierbrunn ein LF 8 von Magirus ein.

LF 8 | FF Höhenkirchen | Borgward B 522 A-O | Ziegler | 1961 | 1987 außer Dienst | als Oldtimer erhalten geblieben bei der Wehr

LF 8 | FF Baierbrunn | Faun F 24 DL | Magirus | 1963 | 1978 an FF Thaining (Lkr. Landsberg am Lech) (Aufnahme von 1986 bei der FF Thaining)

LF 8 | FF Helfendorf | MD FM 110 D 7 FA | Magirus | 1972 | 2003 außer Dienst

LF 8 | FF Baierbrunn | MD FM 130 D 7 FA | Magirus | 1978 | 2011 außer Dienst

LF 8 | FF Ebenhausen | DB LAF 911 B | Ziegler | 1979 | 2010 außer Dienst

Löschgruppenfahrzeuge LF 8/6

Dem weit verbreiteten LF 8 haftete ein großes Manko an: ihm fehlte ein Löschwassertank. Nur mit Wasser am Strahlrohr kann der Angriffstrupp in ein verrauchtes Gebäude auf die Suche nach vermissten Personen vorgehen. Der Aufbau einer Wasserversorgung mit dem LF 8 vom Hydranten über die Vorbaupumpe bis zum Strahlrohr brauchte trotz aller Übung einige Zeit. Aber bei einem im Entstehen begriffenen Brand sind gerade die ersten Minuten ausschlaggebend, um größeren Schaden zu vermeiden. Ebenso mussten die Einsatzkräfte bei einem Fahrzeug- oder kleinen Flächenbrand außerhalb geschlossener Ortschaft fast tatenlos auf das Eintreffen eines Tanklöschfahrzeuges warten. Mit der Absicht, die Nachteile des LF 8 abzulegen, erschien im Herbst 1991 die Norm für das LF 8/6. 600 Liter Wasser, eine im Heck eingebaute FP 8/8 und ein formfester Schnellangriffsschlauch auf einer Haspel auf der rechten Fahrzeugseite versetzte jetzt auch kleinere Wehren in die Lage, schnell und effektiv zu handeln. Das LF 8/6 mit Straßenantrieb wies das Normblatt mit 7,5 Tonnen zulässigem Gesamtgewicht aus, damit für die Maschinisten weiterhin der damalige Pkw-Führerschein der Klasse 3 ausreichte. Für die Allradausführung mit anfangs 9 Tonnen, später 9,5 Tonnen, benötigten die Fahrer den Lkw-Führerschein.

Das LF 8/6 der FF Harthausen dürfte in Bayern zu den ersten nach der neuen Norm gefertigten Fahrzeuge gehören, weil es bereits zum Jahresende 1992 in Dienst ging. Iveco bot in seiner EuroFire-Baureihe das passende Fahrgestell sowohl mit Straßen- als auch mit Allradantrieb an. Die FF Oberbiberg bevorzugte 1996 die 4x4-Variante während die FF Siegertsbrunn zwei Jahre später die Ausführung auf Straßenfahrgestell erhielt. MAN präsentierte 1993 seine neue leichte Baureihe mit dem Namen „L2000" für die Gewichtsklasse von 6 bis 10,5 Tonnen. Als LF 8/6 kam es im Jahr 1997 erstmals zu einer Feuerwehr in den Landkreis München, nämlich zur FF Arget. 2001 stellten die FF Dingharting und Unterbiberg LF 8/6 auf MAN 8.163 L-LF in Dienst.

Fahrzeugbestand im Landkreis München zum 1. Januar 2023

5 LF 8/6 bei den FF Arget, Dingharting, Oberbiberg, Siegertsbrunn, Unterbiberg

LF 8/6 | FF Harthausen | DB 814 F | Ziegler | 1992 | 600 W | 2011 an FF Scharmützelsee Ortswehr Reichenwalde (Lkr. Oder-Spree)

LF 8/6 | FF Oberbiberg | Iveco 95 E 18 4x4 | Magirus | 1996 | 600 W

LF 8/6 | FF Arget | MAN 8.163 LAEC-LF | Ziegler | 1997 | 600 W

LF 8/6 | FF Siegertsbrunn | Iveco 75 E 14 4x2 | Magirus | 1998 | 600 W

LF 8/6 | FF Dingharting | MAN 8.163 L-LF | Ziegler | 2001 | 600 W

Löschgruppen- und Hilfeleistungs-Löschgruppenfahrzeuge LF 10 und HLF 10

Das LF 10 stellt keinen neuen Fahrzeugtyp dar. Es gab im Jahr 2002 lediglich einen neuen Namen für das bisherige LF 8/6, weil die Pumpenleistung nach Einführung der DIN EN 1028 Teil 1 und 2 von 800 auf 1.000 l/min anstieg. Die Anpassung an einsatzbedingte Erfordernisse und an Entwicklungen bei der Nutzfahrzeugtechnik führt zur stetigen Überarbeitung der Normausgaben. LF 10 und HLF 10 ordnen sich nun in der Fahrzeugmassenklasse MII von 9 bis 14 Tonnen ein. Das Mindesttankvolumen beim LF 10 liegt bei 1.200 Liter Wasser. Im Jahr 2011 gab es eine Aufgliederung der Normblätter in LF 10 mit Schwerpunkt auf die Brandbekämpfung und in HLF 10, das eine Hilfeleistungsbeladung mitführt. Weil diese Platz benötigt und ihr Gewicht hat, reduziert sich hier die Vorgabe der mitgeführten Löschwassermenge auf mindestens 1.000 Liter.

Die FF Haar beschaffte 2008 ein LF 10 auf DB Atego 1226 F mit Aufbau von Ziegler. Typisch für die Haarer Feuerwehr sind die ganzflächig in rot lackierten Rollladen. In Hinblick auf die immer dichter werdende Bebauung und die zunehmende Verparkung der Straßen wählte man eine kompakte Ausführung mit 2,30 m Breite. Seit dem Jahr 2020 ist das LF 10 im Gerätehaus Blumenstraße stationiert, welches man zusätzlich zum Standort an der Vockestraße eingerichtet hat, um die zeitnahe Erreichbarkeit der Einsatzstellen im westlichen Gemeindegebiet sicherzustellen. In Unterhaching entschied man sich, den GW durch ein Fahrzeug mit höheren einsatztaktischem Wert zu ersetzen. Die Wahl fiel auf das HLF 10 als kompaktes Einsatzfahrzeug. Zusätzlich führt es eine umfangreiche Beladung für Wasser-, Umwelt- und Unwetterschäden mit. Dank der Gruppenbesatzung kann es Einsatzaufträge eigenständig abwickeln, was bei der Truppbesatzung des GW meistens nicht möglich war. Im Norden des Landkreises sind die beiden neueren LF 10 stationiert: bei den FF Badersfeld und Riedmoos. Zur Unterstützung beim Aufbau einer Wasserversorgung in der weitläufigen straßendorfähnlichen Anlage von Riedmoos ist das LF 10 im Heck mit 400 Meter B-Schlauch in Buchten über der Pumpe beladen.

Fahrzeugbestand im Landkreis München zum 1. Januar 2023

3 LF 10 bei den FF Badersfeld, Haar, Riedmoos
1 HLF 10 bei der FF Unterhaching

LF 10 | FF Haar | DB Atego 1226 F | Ziegler | 2008 | 1.000 W 120 S

HLF 10 | FF Unterhaching | MAN TGL 12.250 4x2 BB | Ziegler | 2012 | 1.000 W 120 S

LF 10 | FF Riedmoos | DB Atego 1629 AF | Rosenbauer | 2013 | 1.200 W 120 S

LF 10 | FF Badersfeld | DB Atego 1530 AF | Ziegler | 2019 | 1.600 W 120 S

Löschgruppenfahrzeuge LF 16

Neun Einsatzkräfte, Löschwassertank, leistungsstarke Pumpe mit 1.600 l/min bei 8 bar Förderdruck, Steck- und Schiebleiter auf dem Dach, Armaturen und Schläuche für die Brandbekämpfung sowie einige Geräte zur technischen Hilfeleistung in kleinerem Umfang. Diese Stichworte charakterisieren das LF 16. Beschafft haben LF 16 vor allem Berufsfeuerwehren und Freiwillige Feuerwehren größerer Städte. Dort übernahm das LF 16 im Löschzug mit seiner Löschgruppe aus Gruppenführer, Angriffs-, Wasser- und Schlauchtrupp sowie Maschinist und Melder die hauptsächliche Arbeit an der Einsatzstelle. Den Begriff LF 16 gibt es seit 1955. Der Vorgänger nannte sich nach seiner Pumpenleistung von 1.500 l/min LF 15. Die Norm DIN 14530 Teil 9 für das LF 16 lief 1991 aus. Der Nachfolger trug die Bezeichnung LF 16/12.

Das einzige in der Nachkriegszeit gebaute LF 15 bei einer Feuerwehr im Landkreis München kam eher zufällig als Gebrauchtfahrzeug zur FF Ottobrunn. Deren Kommandant war 1962 dienstlich bei einem Fahrzeughändler in Dortmund und sah dort das nur zehn Jahre alte Fahrzeug stehen. Die Royal Air Force hatte ursprünglich sechs LF 15 nach deutscher Bauart auf Mercedes-Benz Langhauber-Fahrgestell mit Aufbau von Metz beschafft. Sie übernahmen den Brandschutz auf Militärflugplätzen und in Liegenschaften in der britisch besetzten Zone Deutschlands. Lange liefen diese LF 15 nicht bei der britischen Luftwaffe aufgrund der Übergabe vieler Einrichtungen an die neu gegründete Bundeswehr.

Stetiger Gegenstand der Diskussion in den Normungsgremien war die Größe des Löschwassertanks beim LF 16. Betrug er beim LF 15 noch 400 Liter verdoppelte er sich beim LF 16 auf 800 Liter. Die Fassung der Norm für Löschfahrzeuge von 1969 überließ dem Kunden die Wahl, sich für 800 oder 1.600 Liter zu entscheiden. Mehrere Wehren im Landkreis München nutzten diese kurze Phase, in der der größere Tank möglich war, denn bereits 1971 stand in der Norm nur noch ein Wert, nämlich wieder 800 Liter. In der nächsten Fassung aus dem Jahr 1976 formulierten die normgebenden Gremien eine flexible Mindestmenge von 800 Litern – somit waren beispielsweise 1.600 Liter wieder möglich. 1983 folgte dann eine Entscheidung, die längere Zeit Bestand haben sollte: 1.200 Liter.

Bei den beiden ältesten LF 16 handelte es sich um Gebrauchtfahrzeuge aus Münchner Diensten. Der Magirus Rundhauber, den die FF Oberbiberg 1974 erwarb, war ein etwas ungewöhnliches Exemplar, denn es gehörte zum Überlandlöschzug der BF München. Deshalb erhielt es einen größeren Löschwasserbehälter von 1.500 Litern Inhalt, und es steckte unter der Motorhaube des 1960 gebauten Fahrzeugs ein 145 PS starker Motor. Dies ist erwähnenswert, denn üblich waren bei Magirus damals 125 PS. Ganz den seinerzeit geltenden Vorgaben mit 800 Liter Löschwasser entsprach der Magirus Eckhauber, den die BF München 1962 in Dienst stellte. Ein zweites Einsatzleben erhielt er ab 1977 bei der FF Hofolding und ein drittes von 1988 an bei der BtF Fritzmeier in Helfendorf. Das erste fabrikneue LF 16 im Landkreis München stellte 1963 die FF Grünwald in Dienst, vergleichbar mit den Magirus-Fahrzeugen, die in der benachbarten Stadt München liefen.

Sodann folgte 1964 die Gemeinde Feldkirchen. Es handelte sich um einen 1963 bei Ziegler gebauten Mercedes-Benz aus der Kurzhauber-Baureihe vom Typ DB LAF 322. Obwohl die FF Unterhaching ihr LF 16 nur ein Jahr später als die FF Feldkirchen erhielt, unterscheidet sich das 1965 von Ziegler gelieferte Fahrzeug deutlich davon. Mit dem Wechsel der Typbezeichnungen von LAF 322 zu LAF 1113 gab es Veränderungen an der Fahrzeugfront bei der

LF 15 | FF Ottobrunn | DB LF 3500/42 | Metz | 1952 | 400 W | 1962 von Militärfeuerwehr der Royal Air Force | 1972 außer Dienst (ffotn)

LF 16 | FF Oberbiberg | MD Mercur 145 A | Magirus | 1960 | 1.500 W | 1974 von BF München | 1996 außer Dienst (whe)

LF 16 | FF Hofolding | MD Mercur 150 A | Magirus | 1962 | 800 W | 1977 von BF München | 1988 an BtF Fritzmeier Helfendorf (Lkr. München)

LF 16 | FF Feldkirchen | DB LAF 322 | Ziegler | 1963 | 800 W | 1992 an FF Medingen (Lkr. Bautzen)

Form des Kühlergrills, der Lage der Scheinwerfer und der Ausführung der vorderen Kotflügel. Ende der 1960er Jahre erlebte die Mercedes-Benz Kurzhauber-Baureihe eine Auffrischung. Optisch markant war die Erhöhung des Innenraums des Fahrerhauses um 55 Millimeter mit der damit verbundenen Vergrößerung der Fläche der Windschutzscheibe. Auf diesem Fahrgestell vom Typ Mercedes-Benz LF bzw. LAF 1113 B kamen acht LF 16 in den Landkreis München: 1970 für die FF Heimstetten, Kirchheim und Putzbrunn, 1972 für die FF Planegg, 1973 für die FF Grasbrunn und 1974 für die FF Oberhaching. Diese sechs Fahrzeuge waren alle von Ziegler. Bachert lieferte zwei LF 16 nach Haar: eines 1971 auf Straßenfahrgestell an die FF Haar und eines 1976 auf Allradchassis an die WF des Bezirkskrankenhauses BKH Haar.

Die Besonderheiten des Planegger Fahrzeuges steckten im Aufbau. Es hatte bereits einen fest eingebauten Stromerzeuger mit Bedientafel in einem seitlichen Geräteraum und einen im Gerätekoffer integrierten Lichtmast sowie einen Wasserwerfer auf dem Aufbaudach. Deshalb nannte man es LF 16 H – mit H für Hilfeleistung. Dieses Fahrzeug zeigte also Merkmale, die erst Jahre später beim LF 24 wieder auftauchten.

Ab 1975 bot Mercedes-Benz einige Jahre lang als Alternative zum weiterhin gebauten Kurzhauber den moderneren Frontlenker an. Zwischen 1978 und 1989 lieferte Ziegler acht LF 16 auf den Fahrgestelltypen 1017 AF, 1019 AF und 1222 AF in den Landkreis München: 1978 an die FF Ismaning und Unterschleißheim, 1982 an die FF Unterföhring, 1983 an die FF Grünwald, 1988 an die FF Garching und Unterhaching und schließlich 1989 an die FF Gräfelfing und Neuried. Hierbei vermitteln die beiden vorderen Ziffern der Typbezeichnung die Tonnage, die beiden hinteren die Motorleistung. AF steht für „Allrad Feuerwehr". Den Start machte 1975 der Typ 1017, zwei Jahre später folgte der 1019. 1980 löste letzteren der Typ 1222 mit einem 216 PS starken 6-Zylinder-Motor ab.

Die Olympischen Spiele in München waren 1972 der Anlass, die FF Oberschleißheim mit zwei neuen Fahrzeugen auszustatten. Eines davon war ein LF 16 auf MAN 450 HALF mit Aufbau von Bachert. Das andere war ein TLF 16. Die Wehr hatte die Brandsicherheitswachen bei Veranstaltungen im Schloß Schleißheim sowie bei Wettkämpfen an der Olympia-Ruderregattaanlage übernommen.

Bis Magirus wieder LF 16 in den Landkreis München liefern konnte, dauerte es mehrere Jahre. 1979 stellten die FF Taufkirchen und die im Aufbau befindliche WF TUM Garching LF 16 auf der Magirus-Frontlenkerbaureihe in ihre Gerätehäuser. Einen Generationswechsel läutete Iveco im Jahr 1985 mit der Präsentation der MK-Fahrgestellbaureihe ein. Zugleich änderte Magirus die Form des Aufbaus auf nun zwei Geräteräume je Seite. Auf der Messe Interschutz 1988 in Hannover sahen die Besucher erstmals eine viel beachtete Neuheit, den Geräteaufbau aus Aluminium. Bislang setzte sich das Aufbaugerippe aus geschweißten Stahlprofilen zusammen. Die FF Aying kaufte 1991 ein solches LF 16. Ein baugleiches LF 16 kam 2011 gebraucht zur FF Baierbrunn. Es gehörte zu einer Beschaffung von zehn Fahrzeugen der Münchner Feuerwehr aus den Jahren 1989 und 1990.

Das letzte in den Landkreis München gelieferte LF 16 kam auf der damals neuen MAN-Baureihe M90 zur FF Feldkirchen. Zum Zeitpunkt der Bestellung galt noch die im Jahr 1991 auslaufende Norm des LF 16. Die Fertigstellung bei Ziegler erfolgte 1992 zeitgleich mit den ersten Auslieferungen des Nachfolgers, dem LF 16/12.

Fahrzeugbestand im Landkreis München zum 1. Januar 2023

3 LF 16 bei den FF Grasbrunn, Garching und Grünwald

LF 16 | FF Unterhaching | DB LAF 1113 | Ziegler | 1965 | 800 W | 1988 an Feuerwehr Adeje / Teneriffa (Spanien) | seit 2017 als Oldtimer erhalten bei FF Unterhaching

LF 16 | FF Kirchheim | DB LAF 1113 B | Ziegler | 1970 | 1.600 W | 2001 außer Dienst | als Oldtimer erhalten bei der Wehr

LF 16 | FF Haar | DB LF 1113 B | Bachert | 1971 | 1.600 W | 1997 an Feuerwehr Sátoraljaújhely (Ungarn) (whe)

LF 16 H | FF Planegg | DB LAF 1113 B | Ziegler | 1972 | 1.600 W | 1997 an FF Bärenstein (Lkr. Erzgebirgskreis)

LF 16 | FF Oberschleißheim | MAN 450 HALF | Bachert | 1972 | 800 W | 1993 außer Dienst

LF 16 | FF Grasbrunn | DB LAF 1113 B | Ziegler | 1973 | 800 W

LF 16 | WF Bezirkskrankenhaus BKH Haar | DB LAF 1113 B | Bachert | 1976 | 1.600 W | 2003 an FF Leknica (Polen)

LF 16 | FF Taufkirchen | MD FM 192 D 11 FA | Magirus | 1979 | 800 W | 2006 an FF Horhausen (Lkr. Haßberge)

LF 16 | FF Grünwald | DB 1222 AF | Ziegler | 1983 | 1.200 W

LF 16 | FF Baierbrunn | Iveco 120-19 AW | Magirus | 1990 | 1.200 W | 2011 von BF München | 2021 außer Dienst

LF 16 | FF Feldkirchen | MAN 12.232 FA-LF | Ziegler | 1992 | 1.200 W 120 S | 2018 außer Dienst

Löschgruppenfahrzeuge LF 16/12

234 bezuschussungsfähige Fahrzeugvarianten – diese enorme Vielfalt müsse man wieder begrenzen. Mit diesem Ziel führten Ende der 1980er Jahre die Gremien für Fahrzeugnormung und die Aufbauhersteller intensive Gespräche. Davon erhofften sich Hersteller und Kunden schnellere Lieferzeiten und geringere Kosten, weil nicht bei jedem Auftrag eine individuelle Fahrzeugentwicklung einsetzen müsste. Das Ergebnis bei den Löschgruppenfahrzeugen hieß LF 16/12. Wenn auch die Typbezeichnung auf einen Wasserbehälter von 1.200 Liter hinwies, durfte es auf Wunsch des Bestellers bei vorhandener Gewichtsreserve auch ein größerer Behälter für 1.600 Liter sein. Das Fahrzeug sollte außerdem flexibler einsetzbar sein, indem seine Beladung für die technische Hilfeleistung erweitert wurde. Im Rahmen der 1991 veröffentlichten neuen Norm stieg das zulässige Gesamtgewicht von 12,0 auf 13,5 Tonnen. Selbst diese Gewichtserhöhung reichte bald nicht mehr aus. Bayern erlaubte die Anhebung auf 14,0 Tonnen, wenn Wehren einen begründeten Antrag stellten für den Einbau eines Automatikgetriebes, einer CAFS-Anlage oder eines auf 2.000 Liter vergrößerten Wassertanks.

LF 16/12 | FF Dornach | MAN 12.232 FA-LF | Ziegler | 1992 | 1.200 W | 2021 außer Dienst

LF 16/12 | FF Oberschleißheim | DB 1124 AF | Metz | 1993 | 1.200 W | 2020 außer Dienst

Die Vorgabe, Saugschläuche für den raschen Aufbau einer Wasserversorgung griffbereit auf dem Trittbrett zu lagern, entfiel. Das eröffnete den Aufbauherstellern die Gestaltungsfreiheit, ihre Gerätekoffer mit tiefgezogenen Geräteräumen und die Einstiege in den Mannschaftsraum neu zu konstruieren. Für die Einsatzkräfte bot dies den Vorteil nicht nur des sichereren Ausstiegs aus der Kabine mit angelegtem Atemschutzgerät sondern auch der ergonomisch günstigeren Entnahme schwerer Ausrüstungsgegenstände aus den Geräteräumen in Bodennähe. Zur Ausstattung eines LF 16/12 gehörte nun auch ein Lichtmast, um die Einsatzstelle und das Fahrzeugumfeld auszuleuchten. Bis zum Jahresende 2001 durften in Bayern im LF 16/12 nur mechanische Kurbelmaste eingebaut werden. Da beim Rüstwagen in der Norm aber die Ausführung – mechanisch, pneumatisch oder elektrisch – nicht festlegt war, glich man diese unterschiedlichen Vorgaben an. Das Innenministerium empfahl weiterhin die Ausführung als mechanischer Mast, weil sich diese im harten Feuerwehralltag bewährt hatte. Dabei wählten die Aufbauhersteller verschiedene Einbaupositionen im Aufbau oder am Heck. Das LF 16/12 entwickelte sich schnell zum universellen Arbeitsgerät bei den meisten Feuerwehren im Landkreis München.

In die Laufzeit der DIN 14530 Teil 11 für das LF 16/12 von 1991 bis 2004 fielen einige Veränderungen bei den Fahrgestell- und Aufbauherstellern sowie in der Löschtechnik. Bei Iveco stammten die Fahrgestelle aus der EuroFire-Baureihe, die Aufbauten von Magi-

LF 16/12 | FF Neufahrn | Iveco 135 E 22 4x4 | Magirus | 1995 | 1.600 W 150 S

LF 16/12 | FF Putzbrunn | MAN 12.232 FA-LF | Metz | 1995 | 1.600 W 100 S | 2021 außer Dienst

LF 16/12 | FF Planegg | DB 1224 AF | Ziegler | 1997 | 1.600 W 200 S | 2020 außer Dienst

LF 16/12 | FF Haar | DB 1224 AF | Metz | 1996 | 1.600 W | in Dienst in dieser Form bis 2010

LF 16/12 | FF Haar | DB 1224 AF | Furtner & Ammer | 1996 | 1.600 W | 2010 neuer Aufbau

rus, wie an den LF 16/12 der FF Hofolding, Neufahrn und Sauerlach zu sehen ist. Das 2004 für die FF Taufkirchen gebaute Fahrzeug trägt bereits das in jenem Jahr eingeführte Facelift. Zudem handelt es sich in Deutschland in dieser Form um ein Einzelstück, weil der Aufbau nicht bei Magirus in Ulm sondern beim österreichischen Ableger, der Lohr Magirus Feuerwehrtechnik im steirischen Kainbach entstand. MAN spielte bis dahin auf dem deutschen Markt für Feuerwehrfahrzeuge eine Außenseiterrolle. Das änderte sich deutlich mit der Vorstellung der Baureihe M90 auf dem Deutschen Feuerwehrtag 1990 in Friedrichshafen. Innerhalb kurzer Zeit stieg bis 1994 der Marktanteil bei Feuerwehr- und Katastrophenschutz-Fahrzeugen auf dem deutschen Markt von 4 auf 25 Prozent an. Dazu trugen auch mehrere Feuerwehren im Landkreis München bei. Das erste LF 16/12 auf MAN 12.232 FA-LF aus der M90-Baureihe ging 1992 bei der FF Dornach in Dienst. Mercedes-Benz bot wie schon beim LF 16 seinen Kunden die Wahl: Es gab bis Ende der 1990er Jahre die Baureihen „LN2" (Lastwagen Neu der zweiten Gewichtsklasse) und „MK" (Mittlere Klasse), die mit dem größeren Fahrerhaus der schweren Klasse versehen war. Wegen des etwas geringeren Platzangebots im schmäleren Fahrerhaus blieb der LN2 bei den Feuerwehren im Landkreis selten, lediglich die FF Garching und Oberschleißheim entschieden sich beim LF 16/12 dafür. Die neue Baureihe, die ab 1998 LN2 und MK ablöste, trägt den Namen „Atego".

Auf den Fahrgestellen von MAN und Mercedes-Benz boten die im Landkreis München gut eingeführten Firmen Metz und Ziegler ihre Aufbauten an. Bei einem 1996 von Metz an die FF Haar gelieferten LF 16/12 musste nach 14 Dienstjahren der Aufbau ausgetauscht werden. Diese Arbeit koordinierte die Firma Furtner & Ammer in Landau an der Isar. Zulieferer für den Aufbau war die slowenische Firma Mettis International in Maribor. Jahrzehntelang galt bei Magirus der Slogan „Alles aus einer Hand", also Fahrgestell, Kabine, Aufbau und Pumpe. Aber auf Dauer konnte sich der Ulmer Hersteller den Anfragen der Kunden nach Aufbauten auf anderen Fahrgestellen, wie dem immer populärer werdenden MAN M90 nicht verschließen. Die Ulmer hätten sonst den Markt dem Wettbewerb überlassen. So war die FF Ottobrunn die erste Wehr im Landkreis München, die ein LF 16/12 bei Magirus auf einem MAN beschaffte. Innerhalb weniger Jahre tauchten vier neue Aufbauhersteller in den Fuhrparks auf, die hier bislang nicht vertreten waren. Den Anfang machte Rosenbauer im Jahr 2001 mit einem LF 16/12 auf DB Atego 1528 AF für die FF Aschheim. Der österreichische Hersteller war bereits in Deutschland bekannt als Anbie-

LF 24/20-2 | WF United Initiators Pullach | MAN 14.284 LLC | Rosenbauer NL | 2000 | 2.000 W 200 S | 2019 von Brandweer Uden (Niederlande)

LF 16/12 | FF Ottobrunn | MAN 12.224 MA-LF | Magirus | 2000 | 1.600 W

ter von Flughafen- und Sonderlöschfahrzeugen, lediglich im Markt der Normfahrzeuge hatte sich Rosenbauer noch nicht intensiv engagiert. Bereits seit 1994 setzte Rosenbauer mit seiner AT-Aufbaulinie Akzente. Denn AT steht für „Aluminium-Technologie". Die meisten Aufbauhersteller fertigten damals ihre Aufbauten als Gerippe aus Stahl oder Aluminium, das sie mit Blech- oder Aluminiumtafeln verkleideten. Bei der AT-Bauweise fügte Rosenbauer mit Laser geschnittene selbsttragende Aluminiumbleche und Aluminium-Sandwichtafeln zusammen. Zugleich integrierte man den Mannschaftsraum in den Aufbau, was bis dahin im Feuerwehrfahrzeugbau ungewöhnlich war. Somit entfiel der aufwendige Umbau des Serienfahrerhauses zur großen Gruppenkabine. Der nächste bislang im Landkreis noch nicht in Erscheinung getretene Aufbauhersteller war die Firma Schmitz. Das LF 16/12, das die FF Hohenbrunn im Jahr 2002 auf DB Atego 1325 AF erhielt, blieb ein Einzelstück.

Auf dem deutschen Markt seit Jahrzehnten bekannt, aber in Süddeutschland bislang kaum vertreten, war Schlingmann aus Dissen am Teutoburger Wald. Mit der WF Bezirkskrankenhaus BKH Haar stand erstmals im Jahr 2003 eine Wehr aus dem Landkreis München in der Auslieferungsliste dieser niedersächsischen Firma. Zwei Jahre später folgte die FF Feldkirchen mit einem fast baugleichen Fahrzeug. Als weiteren Exoten im Fuhrpark der Landkreiswehren empfanden viele im Jahr 2003 die Beschaffung der FF Brunnthal bei der Firma Lentner aus dem Nachbarlandkreis Ebersberg. Eigentlich war diese, damals noch in Grafing ansässige Firma mit der Lieferung großer Serien an LF 16 TS, RW 1 und SW 2000 für den Katastrophenschutz längst bekannt. Aber in den Markt für zivile Kunden stieg man erst nach Auslaufen dieser Großaufträge des Bundes ein. Typisch ist von Anfang an die Bauform mit der im Aufbau integrierten Mannschaftskabine. Damit wird die gesamte Aufbaubreite für die Anordnung der Sitzplätze ausgenutzt, unabhängig von den unterschiedlichen Kabinenabmessungen der Fahrgestellhersteller.

Ende der 1990er Jahre entflammte eine intensive Diskussion um Druckluftschaumsysteme. Eine effektivere Nutzung der mitgeführten Wassermenge versprechen sich die Befürworter von der Kombination der Feuerlöschkreiselpumpe mit einem Compressed-Air-Foam-System (CAFS). Auf der Druckseite der Pumpe werden ein Class A-Schaummittel in sehr geringer Konzentration sowie Druckluft zugemischt. Rosenbauer und Ziegler nennen ihre Anlagen CAFS, bei Schmitz läuft sie unter der Bezeichnung One Seven. Mehrere Wehren im Landkreis

LF 16/12 | FF Neubiberg | MAN 14.254 MA-LF | Ziegler | 2000 | 1.600 W

statteten ihre Löschgruppenfahrzeuge mit dieser Löschtechnik aus.

In die Kategorie der LF 16/12 fallen drei Gebrauchtfahrzeuge, die Werkfeuerwehren in ihre Fuhrparks eingliederten. Die WF United Initiators in Pullach im Isartal beschaffte im Jahr 2019 über einen Fahrzeughändler ein Löschfahrzeug, das zuvor in den Niederlanden gelaufen war. Rosenbauer Niederlande hatte den Aufbau im Jahr 2000 auf einen MAN aus der L2000-Baureihe gesetzt. Entsprechend der niederländischen Vorgaben leistet die Pumpe im Normaldruckbetrieb 2.400 l/min bei 10 bar und im Hochdruckbetrieb 250 l/min bei 40 bar. Daraus ergibt sich auf deutsche Bezeichnung umgewandelt ein LF 24/20-2. Als sich im Jahr 2020 die bisher für die Firmen Airbus und IABG zuständige betriebliche Feuerwehr in Ottobrunn aufgliederte, beschafft die neue WF IABG über einen Gebrauchtfahrzeughändler innerhalb kurzer Zeit zwei LF 16/12. Beide jeweils auf DB Atego. Beide liefen zuvor bei Feuerwehren in Nordrhein-Westfalen. Das eine steht für die hauptamtlichen Einsatzkräfte in der Feuerwache, das andere an einem separaten Stellplatz im Werksgelände für die nebenamtlichen Kräfte.

Fahrzeugbestand im Landkreis München zum 1. Januar 2023

25 LF 16/12 bei den FF Aschheim, Brunnthal, Gräfelfing, Grünwald, Haar, Heimstetten, Helfendorf, Höhenkirchen, Hofolding, Hohenbrunn, Ismaning, Kirchheim, Neubiberg, Neufahrn, Oberhaching, Ottobrunn, Sauerlach, Taufkirchen, Unterföhring, Unterschleißheim (2x) sowie bei den WF IAK Haar, IABG Ottobrunn (2x), United Initiators Pullach

LF 16/12 | FF Unterhaching | MAN 14.284 MA-LF | Ziegler | 2000 | 1.600 W 150 S CAFS-Anlage | 2020 außer Dienst

LF 16/12 | FF Unterschleißheim | DB 1528 AF | Ziegler | 2001 | 2.000 W 150 S CAFS-Anlage

LF 16/12 | FF Aschheim | DB Atego 1528 AF | Rosenbauer | 2001 | 2.000 W 300 S CAFS-Anlage

LF 16/12 | FF Hohenbrunn | DB Atego 1325 AF | Schmitz | 2002 | 1.600 W 200 S One-Seven-Anlage

LF 16/12 | WF IABG Ottobrunn (für nebenberufliche Kräfte der WF) | DB Atego 1325 AF | Ziegler | 2002 | 2.000 W | 2021 von FF Hövelhof (Lkr. Paderborn)

LF 16/12 | WF IABG Ottobrunn (für hauptberufliche Kräfte der WF) | DB Atego 1328 AF | Rosenbauer | 2003 | 2.000 W | 2020 von BF Krefeld

LF 16/12 | FF Brunnthal | MAN 14.285 MA-LF | Lentner | 2003 | 1.600 W 200 S

LF 16/12 | WF Isar Amper Klinikum IAK Haar | MAN ME 14.280 (14.285 MA-LF) | Schlingmann | 2003 | 2.000 W

LF 16/12 | FF Helfendorf | MAN ME 14.280 (14.285 MA-LF) | Ziegler | 2003 | 2.000 W 120 S

LF 16/12 | FF Taufkirchen | Iveco 140 E 28 4x4 | Lohr Magirus | 2004 | 2.000 W 200 S CAFS-Anlage

LF 16/12 | FF Höhenkirchen | DB Atego 1528 AF | Rosenbauer | 2005 | 2.000 W 400 S CAFS-Anlage

Löschgruppen- und Hilfeleistungs-Löschgruppenfahrzeuge LF 20/16 und HLF 20/16

Dass im Jahr 2004 eine Überarbeitung der Norm das LF 16/12 in das LF 20/16 überführte, lag maßgeblich an der Änderung der Leistungsvorgaben für die Feuerlöschkreiselpumpe. Die nun eingebaute FPN 10-2000 hatte 2.000 l/min bei 10 bar zu erbringen. Zudem berücksichtigte die Normung bei der Neuausgabe der DIN 14530-11, dass die Größe des Löschwassertanks auf mindestens 1.600 Liter angestiegen war. Zugleich entschloss man sich zur Unterteilung in Löschgruppenfahrzeuge LF 20/16 und Hilfeleistungs-Löschgruppenfahrzeuge HLF 20/16. Damit konnten Wehren bei ihrer Fahrzeugausstattung entsprechende einsatztaktische Schwerpunkte setzen. Feuerwehren, die mehrere LF 16/12 für ihren Fuhrpark benötigten, waren nun nicht mehr gezwungen, bei jeder Beschaffung einen hydraulischen Rettungssatz mit zu bestellen. Bei Bedarf ließen die Wehren im HLF 20/16 eine maschinelle Zugeinrichtung mit einer Zugkraft von 50 kN einbauen. Da LF 20/16 und HLF 20/16 im Erscheinungsbild baugleich sind und sich in erster Linie durch ihre Beladung unterscheiden, werden beide Fahrzeugtypen in diesem Kapitel gemeinsam vorgestellt.

Diese Normausgabe galt von 2004 bis 2011. In diesen Zeitraum fiel bei MAN im Jahr 2005 die Einführung der TGM-Baureihe im Tonnagebereich von 12 bis 18 Tonnen. Sie löste den ME2000 Evolution ab, der aus dem M90 hervorgegangen war. Damit setzte MAN seine Erfolgsgeschichte am deutschen Markt fort: Seit mehreren Jahren liegt der Marktanteil bei Feuerwehrfahrzeugen bei über 60 Prozent.

Als weiterer neuer Aufbauhersteller eines LF 20/16 tauchte im Landkreis München die österreichische Firma Empl auf. Ihr Firmensitz liegt in Kaltenbach im Zillertal. In den 1990er Jahren baute die Firma in Ostdeutschland ein weiteres Produktionswerk auf. Die an die FF Ismaning gelieferten Einsatzfahrzeuge stammen wegen der geographischen Nähe zum Landkreis München aus Österreich. Die FF Aschheim beschaffte bei Rosenbauer im Jahr 2010 ein in dieser Form bis dahin einmaliges HLF 20/16. Es handelt sich um das erste ausgelieferte Einsatzfahrzeug mit einem vom Hersteller so genannten „EPS Electric Power System". Während die Feuerlöschkreiselpumpe weiterhin direkt über einen Nebenantrieb vom Motor angetrieben wird, hängt an einem zweiten Nebenantrieb ein Hochleistungsgenerator, der eine Leistung zwischen 32 und 52 kVA bereitstellt. Dass man dafür zudem ein auf 16 Tonnen abgelastetes Fahrgestell der 18-Tonnen-Klasse mit 340 PS starkem Motor wählte, lag auch daran, dass man

LF 20/16 | WF Helmholtz-Zentrum Neuherberg | DB Atego 1325 F | Rosenbauer | 2004 | 2.000 W 200 S

zeitgleich ein TLF 20/40-SL beschaffte. Für die Maschinisten haben die zwei baugleichen Fahrgestelle den Vorteil, dass ihre Bedienung identisch ist. Ziegler stellte auf der internationalen Fachmesse Interschutz 2010 mit der „Z-Cab" eine neue Bauform für die Mannschaftskabine vor. Das im Jahr 2012 an die FF Ottobrunn geliefert LF 20/16 zählte zu den ersten Löschfahrzeugen in dieser Bauart.

Fahrzeugbestand im Landkreis München zum 1. Januar 2023

6 LF 20/16 bei den FF Garching, Ismaning, Ottobrunn, Pullach im Isartal, Unterföhring sowie bei der WF Helmholtz-Zentrum Neuherberg
8 HLF 20/16 bei den FF Aschheim, Ebenhausen, Feldkirchen, Grasbrunn, Höhenkirchen, Hohenschäftlarn, Ottobrunn und Straßlach

LF 20/16 | FF Hohenschäftlarn | DB Atego 1328 AF | Ziegler | 2004 | 2005 als Vorführfahrzeug übernommen | 1.900 W 200 S

LF 20/16 | FF Unterföhring | DB Atego 1628 AF | Ziegler | 2008 | 2.000 W 200 S CAFS-Anlage

LF 20/16 | FF Pullach im Isartal | Iveco 140 E 30 4x4 | Magirus | 2008 | 2.000 W 200 S

LF 20/16 | FF Ismaning | DB Atego 1529 AF | Empl | 2009 | 2.000 W 200 S CAFS-Anlage

HLF 20/16 | FF Aschheim | MAN TGM 18.340 4x4 BB | Rosenbauer | 2010 | 2.000 W 300 S

HLF 20/16 | FF Ebenhausen | MAN TGM 13.290 4x4 BL FW | 2010 | 2.000 W 120 S

HLF 20/16 | FF Straßlach | MAN TGM 13.290 4x4 BL FW | Ziegler | 2011 | 2.000 W 120 S

HLF 20/16 | FF Höhenkirchen | DB Atego 1629 AF | Lentner | 2011 | 2.000 W 200 S

LF 20/16 | FF Ottobrunn | DB Atego 1629 AF | Ziegler | 2012 | 2.000 W 200 S

Löschgruppen- und Hilfeleistungs-Löschgruppenfahrzeuge LF 20 und HLF 20

Die derzeit gültigen Normen DIN 14530-11 und 14530-27 für LF 20 und HLF 20 stammen aus dem Jahr 2019. Ihre Aussagen lauten, dass in dem LF 20, das für die Brandbekämpfung, zur Förderung von Löschwasser und zur Durchführung von einfacher technischer Hilfeleistung vorgesehen ist, ein 2.000 Liter fassender Löschwasserbehälter einzubauen ist. Die mitgeführte Schaummittelmenge muss einen mindestens 10-minütigen Einsatz eines Kombischaumrohres ermöglichen. Das HLF 20 hat zusätzlich zur Brandbekämpfung seinen einsatztaktischen Schwerpunkt auf der technischen Hilfeleistung. Zur Beladung gehören deshalb unter anderem Rettungsspreizer, Schneidgerät und Rettungszylinder sowie Hebekissen mit umfangreichem Zubehör und außerdem bei Bedarf eine Rettungsplattform. Ebenso kann eine maschinelle Zugeinrichtung von 50 kN Zugkraft eingebaut werden. Wegen des Platzbedarfs und des Gewichts dieser Ausrüstung setzt die Norm einen kleineren Löschwasserbehälter von 1.600 Litern an.

Blickt man auf drei Jahrzehnte Fahrzeugentwicklung vom LF 16/12 bis zum HLF 20 zurück, so hat das Fahrzeuggewicht immer wieder die Diskussion bestimmt. Gestartet bei 12,0 Tonnen, befindet man sich nun in der Fahrzeugmassenklasse MIII von 14 bis 16 Tonnen. Durch Entwicklungen bei der Sicherheitstechnik und den Fahrassistenzsystemen sowie in der Abgasreinigung nahm das Fahrgestellgewicht zu, die zur Verfügung stehende Nutzlast für den Aufbau aus Mannschaftsraum und Gerätekoffer sowie für die Beladung und die Löschmittelmenge nahm ab. Die Normungsgremien reagierten mit der Anhebung des zulässigen Gesamtgewichts für LF 20 und HLF 20. Zu Beginn der 2010er Jahre tauchte ein Thema auf, mit dem sich Feuerwehren bei der Fahrzeugbeschaffung bislang nicht beschäftigt hatten: die Abgasnormen. Die Europäische Gemeinschaft legte erstmals 1988 Grenzwerte für Schadstoffe von Lastwagenmotoren fest. Es sank der zulässige Wert für Stickoxidemissionen von Euro 0 im Jahr 1990 mit 14,4 g/kWh auf 0,4 g/kWh bei der seit 2014 geltenden Euro 6-Einstufung. Die zulässigen Partikelemissionen reduzierten sich im selben Zeitraum von 0,7 g/kWh auf 0,01 g/kWh. Zur Erlangung dieser Vorgaben führten Hersteller wie Mercedes-Benz ab der Euro 5-Stufe eine Abgasreinigungstech-

HLF 20 | WF TUM Garching | Scania P 360 4x4 | Empl | 2013 | 2.000 W 300 S (hjs)

HLF 20 | FF Brunnthal | MAN TGM 13.290 4x4 BL FW | Lentner | 2014 | 1.600 W 200 S

HLF 20 | FF Hofolding | DB Atego 1629 AF | Ziegler | 2014 | 1.600 W 120 S

HLF 20 | FF Sauerlach | DB Atego 1629 AF | Empl | 2015 | 1.600 W 120 S

LF 20 | WF Helmholtz-Zentrum Neuherberg | DB Atego 1629 F | Rosenbauer | 2017 | 2.000 W 520 S

nologie ein, die eine wässrige Harnstofflösung mit dem Produktnamen „AdBlue“ benötigt. MAN beschritt zu diesem Zeitpunkt einen anderen technischen Weg. Bei den Baureihen TGL und TGM benötigte man erst mit der Einführung Euro 6-tauglicher Motoren den Zusatzstoff AdBlue. In den Feuerwehren setzte eine intensive Diskussion ein über den Einsatz von AdBlue, denn die Gerätewarte hatten nun bei Wartungsarbeiten einem weiteren Betriebsstoff ihre Aufmerksamkeit zu widmen. Zudem benötigten die größeren und schwereren Abgasreinigungsanlagen Platz, der die Konstruktion tiefgezogener Mannschaftsraumeinstiege veränderte und Laderaum im Gerätekoffer einnahm. Das führte zu Ausnahmegenehmigungen, dass Feuerwehren trotz gesetzlicher Einführung der Euro 6-Abgasnorm weiterhin noch Fahrzeuge in Euro 5-Bauweise beschaffen durften.

MAN bot exklusiv den Feuerwehren und dem Katastrophenschutz die Wahl zwischen den Ausführungen in Euro 5 und Euro 6, denn bis zum Auslaufen der 2. Generation der TGL- und TGM-Baureihen im Jahr 2021 baute man die Euro 5-Ausführung ohne AdBlue-Bedarf weiter. Parallel dazu lieferte man die Euro 6-Ausführung, deren Abgasreinigung AdBlue benötigt. Im Erscheinungsbild lassen sich die beiden Ausführungen an Details der Fahrzeugfront unterscheiden. Bei der Euro 5-Ausführung deckt der Blechstreifen oberhalb des Frontgrills das Gestänge der Scheibenwischer ab. Das letzte LF 20 in dieser Bauform holte die FF Hohenbrunn im Herbst 2021 beim Aufbauhersteller Schlingmann ab. Bei Fahrzeugen mit Euro 6-Motor fällt dieser Blechstreifen etwas schmäler aus, das Scheibenwischergestänge liegt frei und die Form der schwarzen Grillplatte ist stärker trapezförmig angeschrägt. Die

HLF 20 | FF Kirchheim | DB Atego 1629 AF | Rosenbauer | 2017 | 2.000 W 200 S

LF 20 | FF Neubiberg | DB Atego 1629 AF | Lentner | 2018 | 2.400 W 150 S

HLF 20 | FF Heimstetten | MAN TGM 13.290 4x4 BL FW | Lentner | 2018 | 1.600 W 120 S
CAFS-Anlage

beiden im Jahr 2020 an die FF Garching und Unterhaching gelieferten HLF 20 waren die ersten MAN TGM 13.290 4x4 BL FW in Euro 6-Ausführung bei Feuerwehren im Landkreis München.

Im Jahr 2020 präsentierte MAN eine neue Lkw-Generation. Den ersten neuen MAN TGM im Landkreis München stellte die FF Harthausen als HLF 20 im Herbst 2022 in Dienst. Diesen beschaffte die Gemeinde Grasbrunn für ihren Gemeindeteil Harthausen nicht im Alleingang, denn ein baugleiches HLF 20 ging an die FF Apfeldorf im Landkreis Landsberg am Lech. In den „Richtlinien für Zuwendungen des Freistaates Bayern zur Förderung des kommunalen Feuerwehrwesens" ist erläutert, dass sich bei einer gemeinsamen Beschaffung mehrerer Kommunen der gewährte Festbetrag um zehn vom Hundert erhöht. Somit profitierten sowohl der gemeindliche Haushalt der Gemeinde Grasbrunn als auch der Gemeinde Apfeldorf von dieser Regelung. Bereits zuvor waren im Jahr 2016 die Beschaffungen von zwei LF 20 für die FF Harthausen und Putzbrunn sowie im Jahr 2021 von zwei HLF 20 für die FF Grasbrunn und Putzbrunn auf diesem Weg gelaufen. Die FF Planegg erneuerte im Jahr 2020 die Flotte an Löschfahrzeugen auf einen Schlag durch drei baugleiche HLF 20 und profitierte von der Feuerwehr-Zuwendungsrichtlinie, weil das vierte baugleiche Fahrzeug die Nachbargemeinde Krailling aus dem Landkreis Starnberg bestellte.

Fahrzeugbestand im Landkreis München zum 1. Januar 2023

10 LF 20 bei den FF Aschheim, Aying, Dornach, Haar, Harthausen, Hohenbrunn, Neubiberg, Putzbrunn, Siegertsbrunn sowie bei der WF Helmholtz-Zentrum Neuherberg

24 HLF 20 bei den FF Baierbrunn, Brunnthal, Dornach, Feldkirchen, Garching, Gräfelfing, Grasbrunn, Harthausen, Heimstetten, Hochbrück, Hofolding, Kirchheim, Oberschleißheim (2x), Planegg (3x), Pullach im Isartal, Putzbrunn, Sauerlach, Taufkirchen, Unterhaching sowie bei der WF TUM Garching und der BtF Airbus Ottobrunn

LF 20 | FF Haar | MAN TGM 13.290 4x4 BL FW | Schlingmann | 2018 | 2.400 W 120 S

HLF 20 | FF Gräfelfing | MAN TGM 13.290 4x4 BL FW | Ziegler | 2018 | 1.600 W 120 S CAFS-Anlage

HLF 20 | FF Oberschleißheim | MAN TGM 16.290 4x2 LL | Ziegler | 2019 | 2.400 W 200 S

LF 20 | FF Aschheim | MAN TGM 13.290 4x4 BL FW | Lentner | 2020 | 2.400 W 200 S

HLF 20 | FF Garching | MAN TGM 13.290 4x4 BL FW | Magirus | 2020 | 2.000 W 200 S

HLF 20 | FF Unterhaching | MAN TGM 13.290 4x4 BL FW | Ziegler | 2020 | 1.600 W 200 S CAFS-Anlage

HLF 20 | FF Planegg | DB Atego 1630 AF | Ziegler | 2020 | 2.000 W 200 S

LF 20 | FF Dornach | DB Atego 1530 AF | Rosenbauer | 2021 | 2.400 W 125 S

HLF 20 | FF Grasbrunn | DB Atego 1730 AF | Rosenbauer | 2021 | 2.000 W 125 S

HLF 20 | BtF Airbus Ottobrunn | MAN TGM 13.290 4x4 BL FW | Rosenbauer | 2021 | 2.000 W 250 S

LF 20 | FF Hohenbrunn | MAN TGM 13.290 4x4 BL FW | Schlingmann | 2021 | 2.600 W 200 S CAFS-Anlage

HLF 20 | FF Harthausen | MAN TGM 13.320 4x4 BL CH | Ziegler | 2022 | 2.000 W 120 S

Löschgruppenfahrzeug-Logistik LF 20-Logistik

Für die Aufgaben Brandbekämpfung, technische Hilfeleistung und Ausleuchtung von Einsatzstellen konzipierte die FF Gräfelfing ihr LF 20-Logistik. Dafür wählte man eine Bauform, bei der ein Teil der Beladung im Heck auf Rollcontainern verladen ist. Einem internationalen Publikum präsentierte die Firma Rosenbauer dieses Fahrzeug auf der Messe Interschutz 2015 in Hannover.

In der Fahrzeugmitte ist eine Pumpe mit CAFS-Anlage eingebaut, sie leistet 2.500 l/min bei 10 bar. Ihr Bedienstand liegt auf der rechten Fahrzeugseite. Mitgeführt werden 2.000 Liter Wasser und 150 Liter Schaummittel. Der am Fahrzeugmotor angeflanschte Stromgenerator liefert 7,5 kVA. Der Lichtmast trägt sechs LED-Strahler. Hinter der mit 1.500 Kilogramm belastbaren Ladebordwand stehen drei Rollcontainer, beladen mit der Strahlenschutzausrüstung inklusive Schutzkleidung für Gefahrguteinsätze, einem Schnelleinsatzzelt sowie Material für die Dekontamination.

Fahrzeugbestand im Landkreis München zum 1. Januar 2023

1 LF 20-Logistik bei der FF Gräfelfing

LF 20-Logistik | FF Gräfelfing | DB Atego 1629 AF | Rosenbauer | 2015 | 2.000 W 150 S CAFS-Anlage

Löschgruppenfahrzeuge LF 24 und sonstige Hilfeleistungs-Löschfahrzeuge

Während das LF 16 landauf landab als das Standardlöschfahrzeug galt, beobachteten Feuerwehren in großstädtischen Ballungsgebieten, dass sich ihr Aufgabengebiet von der Brandbekämpfung immer mehr zur technischen Hilfeleistung hin verschob. Deshalb sollten die Einsatzkräfte ein universell einsetzbares Fahrzeug erhalten. Weil stärkere Pumpe, eingebauter Generator, Lichtmast und Seilwinde zur Ausstattung zählen sollten, war ein größeres Fahrgestell nötig. So entstand zu Beginn der 1980er Jahre der Typ LF 24, das zwar nicht genormt wurde, aber insbesondere bei den hauptamtlich besetzten Wehren in Nordrhein-Westfalen große Verbreitung fand. Im Endeffekt hatte man der weiteren Fahrzeugentwicklung um Jahrzehnte vorgegriffen, denn die heute weit verbreiteten HLF 20 entsprechen den damaligen Überlegungen. Einige Wehren im Landkreis München beschafften Einsatzfahrzeuge, die sich in dieses Kapitel der LF 24 und sonstiger Hilfeleistungs-Löschfahrzeuge einordnen lassen. Die WF MBB-IABG Ottobrunn führte ihren 1981 beschafften Magirus als HLF 24 im Fuhrpark, obwohl die Besatzung nur aus einer Staffel bestand. Mitgeführt wurden 1.600 Liter Wasser und 250 Kilogramm Pulver, eingebaut waren ein 20 kVA-Stromerzeuger, eine Seilwinde und ein Lichtmast. 21 Jahre später löste ihn bei der nun WF EADS-IABG genannten Wehr ein HLF 24 von Rosenbauer auf DB Actros ab.

Die FF Planegg sorgte für viel Gesprächsstoff, als sie 1997 ein LF 8, ein TLF 16 und ein LF 16 durch zwei Fahrzeuge ersetzte: ein LF 16/12 für den Standort Planegg und ein LF 24 für den

HLF 24 | WF MBB-IABG Ottobrunn | MD FM 232 D 15 F | Magirus | 1981 | 1.600 W 250 P | 2002 außer Dienst

LF 24 | FF Harthausen | MAN 14.232 F | Ziegler | 1992 | 1.600 W 200 S | 2010 von BF Köln | 2022 außer Dienst

LF 24 | FF Planegg | DB 1831 F | Ziegler | 1997 | 1.800 W 200 S | 2020 außer Dienst

HLF 24/20 | FF Unterhaching | MAN 18.285 MAC | Ziegler | 2002 | 2.000 W 150 S CAFS-Anlage

HLF 24/20 | WF EADS-IABG Ottobrunn | DB Actros 1835 F | Rosenbauer | 2002 | 2.000 W 300 S CAFS-Anlage | 2020 an BtF Airbus Ottobrunn

Standort Martinsried. Der Tatsache, dass es für das LF 24 keinen staatlichen Zuschuss gab und die Gemeinde die Kosten vollumfänglich selbst tragen musste, stand die Überlegung gegenüber, dass zwei Fahrzeuge auf Dauer kostengünstiger im Unterhalt sind als drei. Zudem galt es, trotz sinkender Mitgliederzahlen und geringerer Verfügbarkeit der Einsatzkräfte während der Arbeitszeit schlagkräftiger mit weniger Personen zu agieren. Im Jahr 2009 kam in Planegg ein weiteres Löschfahrzeug der 18-Tonnen-Klasse hinzu.

Die WF Technische Universität München TUM am Standort Garching beschaffte 2003 bei Magirus zwei baugleiche HLF 24/20 auf DB Econic 1828. Das vollluftgefederte Fahrgestell bietet den Vorteil des niedrigen Ein- und Ausstiegs in das Fahrerhaus und in den im Aufbau integrierten Mannschaftsraum mit sich weit öffnenden Omnibus-Schwingtüren. Die FP 24/8 ist mit einer Druckluftschaumanlage (CAFS) kombiniert. Für die Stromversorgung sorgt ein eingeschobener 18 kVA leistender Stromerzeuger.

Mit der Beschaffung eines HLF 24/20 fasste die FF Unterhaching drei Fahrzeuge in einem zusammen. LF 16, TLF 16 und RW 2 konnten so im Jahr 2002 ausgemustert werden. Der Aufbau des HLF 20/24 ist von Ziegler, als Basis dient ein 18-Tonnen-Fahrgestell von MAN. Es führt 2.000 Liter Wasser, 100 Liter AFFF Schaummittel und 50 Liter Class A Foam mit. Eingebaut hat Ziegler zur FP 24/8 eine Druckluftschaumlöschanlage Power Foam Pro 1. Eingeschoben ist ein 13,8 kvA starker Stromerzeuger. Dazu stellte die Wehr zeitgleich zum Transport von Löschwasser ihr erstes WLF mit einem Abrollbehälter Tank für 11.000 Liter Wasser in Dienst.

Von 2010 bis 2022 lief bei der FF Harthausen ein LF 24 auf MAN-Fahrgestell, das Ziegler ursprünglich 1992 an die BF Köln geliefert hatte. Kennzeichen war seine kompakte Bauweise mit 2,30 Meter Breite und 8,33 Meter Länge inklusive der B-Haspel für den Einsatz in der Innenstadt. Der Maschinist bediente am Heck nicht nur die eingebaute FP 24/8 sondern auch das Bedienfeld des 20 kVA-Generators. Die FF Harthausen, die ein defektes LF 8/6 ersetzen musste, entdeckte das LF 24 bei der auf gebrauchte Einsatzfahrzeuge spezialisierten Firma Thoma, ließ es dort komplett umlackieren und für ihre Belange neu ausstatten.

Fahrzeugbestand im Landkreis München zum 1. Januar 2023

4 HLF 24 bei der FF Unterhaching sowie der WF TUM Garching (2x) und der BtF Airbus Ottobrunn

HLF 24/20 | WF TUM Garching | DB Econic 1828 LL | Magirus | 2003 | 2.000 W 300 S CAFS-Anlage (hjs)

HLF 20/20 | FF Planegg | DB Axor 1833 F | Ziegler | 2009 | 2.000 W 200 S CAFS-Anlage | 2021 an Schwestern- und WF Dominikus-Ringeisen-Werk Ursberg (Lkr. Günzburg)

Löschgruppenfahrzeuge mit Tragkraftspritze LF 16 TS

Als große Variante des LF 8 lässt sich das LF 16 TS ansprechen. Seine Aufgabe lag im Aufbau einer leistungsfähigen Wasserversorgung. Dafür verfügte es über Gruppenbesatzung, eine eingebaute FP 16/8, eine eingeschobene TS 8/8, umfangreiches Schlauchmaterial sowie als Dachbeladung eine Schieb- und eine vierteilige Steckleiter. Aber bis auf den Inhalt der Kübelspritze befand sich kein Löschwasser an Bord. Im Landkreis München beschafften sieben Wehren LF 16 TS, dessen jüngstes Fahrzeug die FF Aschheim als letztes im Jahr 2020 außer Dienst stellte. Ein baugleiches Fahrzeug auf DB 1222 AF mit Ziegler-Aufbau lief von 1987 bis 2010 bei der FF Unterföhring. In vielen Fällen ergänzten LF 16 TS die bereits in den Wehren vorhandenen TLF 16 bei der Brandbekämpfung. Als man 1972 in Ottobrunn ein LF 16 TS beschaffte, begründete man die Beschaffung mit dem Bedarf an B-Schlauchmaterial, weil die Abstände zwischen den Hydranten weiter als üblich waren. Deshalb erhielt es auch für LF 16 TS unüblich eine B-Schlauchhaspel. Das von Magirus gelieferte Fahrzeug führte 760 Meter B-Schlauch und 270 Meter C-Schlauch mit.

Neben der zivilen Beschaffung durch die Kommunen spielte das LF 16 TS eine herausragende Rolle im Zivilen Bevölkerungsschutz des Bundes und später im Erweiterten Katastrophenschutz. Die Bundesrepublik Deutschland beschaffte ab den späten 1950er Jahren bis zum Beginn der 1990er Jahre etwa 2.200 LF 16 TS. Von diesen wurde keines einer Wehr im Landkreis München zugeteilt. Aus einer Serie von 14 baugleichen Fahrzeugen auf Iveco, die in den Jahren 1989 und 1990 bei der Freiwilligen Feuerwehr München stationiert wurde, mussten bis 1997 im Zuge einer Umstrukturierung im Katastrophenschutz sieben Fahrzeuge an Wehren in Oberbayern abgegeben werden. So kam 1996 ein solches LF 16 TS in den Landkreis München zur FF Unterschleißheim.

LF 16 TS | FF Neuried | DB LAF 322 | Ziegler | 1964 | 1989 an FF Teterow (Lkr. Rostock) (whe)

LF 16 TS | FF Gräfelfing | MD FM 150 D 10 A | Magirus | 1965 | 1989 an FF Zschorlau (Lkr. Erzgebirgskreis) | seit 2010 als Oldtimerfahrzeug bei FF Gräfelfing

LF 16 TS | FF Neubiberg | DB LAF 1113 B | Ziegler | 1974 | 2006 außer Dienst

LF 16 TS | FF Pullach im Isartal | MD FM 192 D 11 FA | Magirus | 1980 | 2008 außer Dienst, 2009 an Feuerwehr Baryschiwka (Ukraine)

LF 16 TS | FF Aschheim | DB 1222 AF | Ziegler | 1989 | 2020 außer Dienst

LF 16 TS | FF Unterschleißheim | Iveco 90-16 AW | Lentner | 1989 | 1996 von FF München Waldtrudering | 2017 an Feuerwehr Szarow (Polen)

Löschgruppenfahrzeuge Katastrophenschutz LF 20 KatS

Das Bundesamt für Bevölkerungsschutz und Katastrophenhilfe (BBK) verabschiedete im Jahr 2007 die Konzeption für das LF 20 KatS. Es ist nicht nur für den Einsatz im Zivilschutz vorgesehen, sondern auch tauglich für die alltägliche Gefahrenabwehr bei den kommunalen Freiwilligen Feuerwehren. Zur Ausstattung gehören eine FPN 10-2000, eine Tragkraftspritze PFPN 10-1500, ein 1.000 Liter fassender Löschwasserbehälter, ein Faltbehälter für 5.000 Liter, ein 5 kVA-Stromerzeuger und ein Lichtmast. 300 der 610 Meter umfassenden B-Schlauch-Beladung liegen so in Kassetten gekuppelt im Heck, dass damit bei langsamer Fahrt eine Schlauchstrecke verlegt werden kann. Aus einer bei Rosenbauer auf DB Atego 1327 AF in Auftrag gegebenen Beschaffungsserie von 308 Fahrzeugen erhielt die FF Unterschleißheim im Mai 2021 ein LF 20 KatS zugeteilt. Die Herstellung des Aufbaus in der von Rosenbauer so genannten ET-Bauweise („Efficient Technology") erfolgte im slowenischen Werk Ragdona. Die Ausrüstung und Auslieferung nahm das BBK in seinem Bestückungslager in Bonn vor.

Dieser vom Bund entwickelte Fahrzeugtyp stieß schnell auf großes Interesse bei kommunalen Feuerwehren, und die Hersteller von Feuerwehrfahrzeugen nahmen ihn in ihre Angebotspalette auf. Die Gemeinde Ismaning kaufte 2013 bei der österreichischen Firma Empl ein LF 20 KatS. Es wird mit 1.000 Meter B-Schlauch zum Aufbau einer Wasserversorgung bei größeren Bränden eingesetzt.

Fahrzeugbestand im Landkreis München zum 1. Januar 2023

2 LF 20 KatS bei den FF Ismaning und Unterschleißheim

LF 20 KatS | FF Ismaning | MAN TGM 13.290 4x4 BL FW | Empl | 2013 | 1.000 W

LF 20 KatS | FF Unterschleißheim | DB Atego 1327 AF | Rosenbauer | 2020 | 1.000 W

Tanklöschfahrzeuge

Die Aufgaben des Tanklöschfahrzeugs liegen in der Versorgung der Einsatzstelle mit Löschwasser und in der Durchführung der Brandbekämpfung mit seinem Schnellangriffsschlauch. Dieser Einsatzzweck stammt aus der Zeit, als das Löschgruppenfahrzeug aufgrund seiner Gruppenbesatzung als führendes Fahrzeug galt, von dem aus der Löschangriff aufgebaut wurde. Zuerst gab es die Typen TLF 8 und TLF 16. Ab Ende der 1970er Jahre kam das TLF 24/50 hinzu. Die aktuellen Bezeichnungen TLF 2000, TLF 3000 und TLF 4000 orientieren sich am Fassungsvermögen des Löschwasserbehälters.

TLF 8 | Ziviler Bevölkerungsschutz | DB Unimog S | Magirus | 1964 | 800 W (Beispielfoto)

Tanklöschfahrzeuge TLF 8

In Bayern kaum verbreitet war die kleinste Ausführung der Tanklöschfahrzeuge, das TLF 8. So war es auch im Landkreis München. Lediglich die Feuerwehren Dingharting und Grasbrunn interessierten sich für diesen kompakten und geländegängigen Fahrzeugtyp. Mehrere Werkfeuerwehren beschafften neue oder gebrauchte Fahrzeuge, die von der Pumpenleistung und der Größe des Wassertanks in dieses Kapitel passen.

Ende der 1950er Jahre begann die Aufstellung von Luftschutz-Feuerwehrbereitschaften im ausschließlich für den Verteidigungsfall vorgesehenen Luftschutzhilfsdienst (LSHD). Zu deren Fuhrpark gehörten auch TLF 8 auf DB Unimog S (Baumuster 404.1). Während zwei Einsatzkräfte im Fahrerhaus Platz fanden, bekam der dritte Feuerwehrmann einen Sitzplatz im Aufbau.

TLF 8/10 | FF Dingharting | DB Unimog S | 1958 | 1.000 W | ehemals BGS Umbau 1978 durch Wagner, Hutterer | 1989 an FF Immenreuth (Lkr. Tirschenreuth)

Die Pumpe FP 8/8 S leistete entgegen ihrer Typbezeichnung 1.600 l/min, worauf das S für Sonderausführung hinweist. Der Löschwassertank fasste 800 Liter. Zwischen 1956 und 1964 lieferten die Firmen Magirus und Voll knapp 1.700 Fahrzeuge an den vom Bund finanzierten LSHD. Vermutlich sind fünf davon zeitweise durch den örtlich zuständigen Aufstellungsstab des LSHD bei Feuerwehren im Landkreis München stationiert worden. In der Regel geschah das, wenn sich Feuerwehrangehörige der Gemeinde zusätzlich zum Feuerwehrdienst als Helfer im LSHD verpflichtet hatten. Anzunehmen ist, dass diese TLF 8 zu einer Luftschutz-Feuerwehrbereitschaft der Stadt München gehörten, was ihre nur kurze Verweilzeit und nachfolgende Stationierung in der Landeshauptstadt erklären würde. Fotografien zum Nachweis der Existenz der Unimog ließen sich nicht auftreiben. Auch sind schriftliche Angaben in Festschriften sowie die Erinnerungen bei den Feuerwehren wegen der langen verstrichenen Zeitdauer nur sehr vage gehalten. Bei der FF Aying soll das TLF 8 bereits 1962 durch die Beschaffung eines gebrauchten LF 15 von der Feuerwehr München abgelöst worden sein. Nach Erinnerung eines früheren Kommandanten kam der damaligen Gemeinde Peiß die Vielseitigkeit eines Unimogs gelegen, um im Winter einen Schneepflug zu montieren und die Straßen zu räumen. Den FF Kirchheim und Sauerlach soll 1959 je ein TLF 8 zugeteilt worden sein. Bis wann es bei der FF Kirchheim in Dienst stand ist nicht bekannt. Sauerlach musste das TLF 8 Ende 1972 zurückgeben. Auch die beiden TLF 8 der FF Grasbrunn und Putzbrunn wurden wahrscheinlich 1972 oder 1973 abgezogen. Dabei lief in Putzbrunn das Fahrzeug wohl nur vier Jahre lang. Die TLF 8 trugen auf den

TLF 8/8-1 | BtF MHM Heimstetten | DB LF 608 D | Doeschot Rosenbauer | 1976 | 800 W 100 S | 1994 in Dienst gestellt | 2020 außer Dienst

LF-TLF 8/8 | WF United Initiators Pullach | DB LP 813 | Bachert | 1983 | 800 W

TLF 8/10-1 | WF Helmholtz -Zentrum Neuherberg | DB LF 608 D | Rosenbauer | 1985 | 1.000 W 100 S | 1988 in Dienst gestellt | 2017 außer Dienst

Türen lediglich das Symbol ZB für Zivilen Bevölkerungsschutz oder ab 1966 ZS für Zivilschutz und erhielten keine Beschriftung mit dem Namen der Feuerwehr.

Die FF Dingharting ließ sich im Jahr 1978 ein TLF 8 bauen. Ausgangspunkt war ein 20 Jahre alter DB Unimog S (Baumuster 404.1) mit Vorbauwinde. Das Fahrzeug hatte zuvor als Funkwagen beim Bundesgrenzschutz BGS gedient. Am Aufbau waren zwei Firmen beteiligt. Die Firma Wagner fertigte den Tank für 1.000 Liter Wasser, den Kofferaufbau und die Inneneinrichtung an. Die Firma Hutterer aus Unterhaching montierte im Heck eine FP 8/8 von Ziegler. Nach elf Jahren verkaufte man das TLF 8 an eine Feuerwehr in der Oberpfalz. Da die Vorbauwinde bei Einsätzen in der technischen Hilfeleistung der FF Dingharting mehrfach wertvolle Dienste geleistet hatte, legte man bei der Ersatzbeschaffung wieder Wert auf die Ausstattung mit einer Winde. Durch Kontakte zur Firma MAN erfuhr man 1989, dass der frühere Prototyp des RW 1 für den Erweiterten Katastrophenschutz auf VW-MAN 8.136 FAE mit Aufbau von Lentner aus dem Jahr 1985 erhältlich wäre. Dieses ehemalige Vorführfahrzeug erwarb die Gemeinde Straßlach-Dingharting und verkaufte dessen nicht mehr benötigten Aufbau an die WF BKH Haar. Diese baute daraus einen Gerätewagen. Die Firma Lentner erhielt den Auftrag zum Aufbau eines TLF 8/18. Der neue Gerätekoffer umschließt einen 2.000 Liter fassenden Löschwasserbehälter und eine FP 8/8 von Rosenbauer. Lediglich ein nun im neuen Aufbau wieder angebrachtes Typschild der Firma Rotzler zur Winde mit ihrer Zugkraft von 50 kN weist auf das ursprüngliche Baujahr des Fahrzeuges von 1985 hin.

Im Einsatzgebiet der FF Grasbrunn liegen ausgedehnte Waldgebiete. Deshalb erwarb man im Jahr 2015 ein im Schwarzwald ausgemustertes TLF 8/18 auf DB Unimog U 1300 L mit Aufbau von Ziegler. Zum Teil in Eigenarbeit und zum Teil bei der Firma Lentner überholte man das Fahrzeug. Ein weiterer Unimog läuft als TLF 8/18 bei der WF IABG Ottobrunn. Dieser stammt aus dem Emsland. Dort betrieb die Firma IABG eine Versuchsanlage für die Magnetschwebebahn Transrapid. Nach Stilllegung der Teststrecke übernahm im Jahr 2013 das Werk Ottobrunn zwei Fahrzeuge von der aufgelösten WF IABG Lathen. Eines war dieses TLF 8/18.

Der 1987 erloschene Fahrzeughersteller Bachert aus Bad Friedrichshall entwickelte für Werkfeuerwehren und für Kunden im Export ein „Gruppen-Tanklöschfahrzeug". Das nahm Bachert unter der Bezeichnung LF-TLF 8/8 in sein Verkaufsprogramm auf. Ein solches Fahrzeug stellte 1983 die WF Peroxid Pullach in Dienst. In den Niederlanden und in Österreich sowie auf asiatischen Exportmärkten waren kleine Tanklöschfahrzeuge mit Staffel- oder Gruppenbesatzung schon längst üblich. Von der Konzeption her handelt es sich um Vorläufer der heute als LF 8/6 oder MLF bekannten Fahrzeuge. Derartige TLF 8 beschafften neu oder als Gebrauchtfahrzeuge die BtF MHM Heimstetten, die WF GSF Neuherberg und die WF Linde Pullach.

Fahrzeugbestand im Landkreis München zum 1. Januar 2023

5 TLF 8 bei den FF Dingharting und Grasbrunn sowie bei den WF IABG Ottobrunn, Linde Pullach und United Initiators Pullach

TLF 8/18 | FF Dingharting | VW-MAN 8.136 FAE | Lentner | 1985 | 2.000 W | 1989 Umbau aus RW 1

TLF 8/18 | FF Grasbrunn | DB Unimog U 1300 L | Ziegler | 1987 | 1.800 W | 2015 von FF Häusern (Lkr. Waldshut) | Umbau Lentner

TLF 8/18 | WB IABG Ottobrunn | DB Unimog U 1550 L | Schlingmann | 1989 | 2.400 W | 2013 von WF IABG Lathen (Lkr. Emsland)

TLF 12/10-2 | WF Linde Pullach | DB 811 D | Rosenbauer | 1992 | 1.000 W 100 S

Tanklöschfahrzeuge TLF 16

Die ersten Tanklöschfahrzeuge, damals noch TLF 15, entstanden zum Ende des Zweiten Weltkriegs. Sie fanden ab den 1950er Jahren deutschlandweit eine weite Verbreitung. Da sehr viele Wehren im Landkreis München ein LF 8 im Gerätehaus stehen hatten, das keinerlei Wasser mitführte, sollte das Tanklöschfahrzeug in erster Linie bei der Brandbekämpfung mit Wasser unterstützen. Gleiches galt bei Wehren, die mit ihrem LF 15 oder LF 16 mit seinem kleinen Löschwasserbehälter von 400 oder 800 Liter nicht immer eine effektive Brandbekämpfung aufnehmen konnten. Nach sechs Jahrzehnten endete 2004 die Ära der TLF 16. Als Ergebnis des Programms zu Reduzierung der Typenvielfalt entfiel dieser Typ aus dem Katalog der genormten Feuerwehrfahrzeuge. Das LF 20/16 sollte seine Aufgabe mit übernehmen.

Im Jahr 1953 beschaffte Grünwald das erste Tanklöschfahrzeug TLF 15 im Landkreis München. Ein Jahr später folgte die Nachbarwehr Pullach im Isartal. 1956 gab es bei der FF Gräfelfing ein TLF 15 und 1958 bei der FF Ottobrunn ein TLF 16. Alle vier Gemeinden kauften innerhalb von fünf Jahren bei Magirus in Ulm ein Fahrzeug auf dem Magirus-Deutz Rundhauber-Fahrgestell. Und damit hören die Gemeinsamkeiten auch schon wieder auf. Antrieb, Motorisierung und Aufbaubauform waren verschieden.

Beliebt war zu jener Zeit, zu Beginn der 1950er Jahre, eine Bauart, die Kabine und Aufbau unter einer gemeinsamen Karosserie mit abgerundeten Formen vereinte. Sämtliche Geräte, der Pumpenbedienstand im Heck und sogar die Steckleiter, die über dem Löschwassertank eingeschoben wurde, verbargen sich im Aufbau hinter vielen kleinen Geräteraumtüren – 14 an der Zahl. Angelehnt an die Karosseriegestaltung der damaligen Reisebusse sprach man von einer „Omnibus-Bauform“. Das Grünwalder TLF 15 trieb ein 90 PS starker 4-Zylinder-Reihenmotor an. Vermutlich stammte dieses TLF 15 aus einer Serie für die Niederlande, wo man aufgrund der flachen Topografie diese Motorisierung für ausreichend hielt. Üblich im Magirus Rundhauber war eigentlich der stärkere V6-Zylinder-Motor mit 125 PS. Zwei formfeste Schnellangriffshaspeln mit formfestem Schlauch waren eingebaut, und die Lackierung erfolgte in dem damals noch weit verbreiteten rubinrot RAL 3003. 1972 kaufte die FF Börwang aus dem Landkreis Oberallgäu mit dem Grünwalder TLF 15 zum ersten Mal ein ge-

TLF 15 | FF Sauerlach | MD A 3500 | Magirus | 1951 | 2.000 W | 1967 von BF München | 1972 außer Dienst (Foto entstand bei Magirus vor Auslieferung an die BF München) (mag)

TLF 15 | WF MBB-IABG Ottobrunn | MD S 3000 | Magirus | 1952 | 2.000 W | 1969 in Dienst gestellt | 1974 an WF Leinfelder Schrobenhausen (Lkr. Neuburg-Schrobenhausen) (Foto entstand 1986 nach der Ausmusterung in Schrobenhausen)

TLF 15 | FF Grünwald | MD S 3500 | Magirus | 1953 | 2.400 W 80 S | 1972 an FF Börwang (Lkr. Oberallgäu) | 1981 außer Dienst | Oldtimer bei den Rundhauberfreunden.de

TLF 15 | FF Helfendorf | MD A 3500 | Magirus | 1953 | 2.000 W | 1982 von FF Übersee (Lkr. Traunstein) | 1996 außer Dienst (whe)

TLF 15 | FF Pullach im Isartal | MD S 3500 | Magirus | 1954 | 2.400 W 50 S | 1983 außer Dienst | erhalten als Oldtimer bei FF Pullach im Isartal

brauchtes Tanklöschfahrzeug im Landkreis München.

Das Pullacher TLF 15 von 1954 zeigt eine sehr seltene Bauform, von der nur 20 Exemplare die Werkshallen in Ulm verlassen haben sollen. Die Besonderheit besteht in den seitlichen Klappen, die beim Öffnen garagentorartig in den Aufbau hineinschwenken. So standen bei der Geräteentnahme keine offenen Türen im Weg. Integriert im 2.400 Liter großen Wassertank war ein 50 Liter fassender Schaummittelbehälter. Bis 1983 lief dieses TLF 15 im Einsatzdienst. Gerade erst aufwändig von den Mitgliedern der FF Pullach im Isartal restauriert, nahm es anlässlich des Kreisjugendfeuerwehrtages 2008 an dem von der FF Ottobrunn organisierten Oldtimertreffen teil.

Das Bayerische Staatsministerium des Inneren erließ 1954 eine Richtlinie zur Beschaffung von Tanklöschfahrzeugen. Darin war für diese „Bayern-TLF" Allradantrieb, Staffelkabine und ein zweiter Saugeingang an der Fahrzeugfront vorgegeben. Magirus konstruierte dafür einen neuen Aufbau. An den mittig liegenden Wassertank für 2.400 Liter schweißte man die Seitenwände der Geräteräume an und verschloss diese mit Drehtüren. Oberhalb der Hinterachse gab es eine Klappe hinter der sich auf der einen Seite die Fächer für B-Schläuche und auf der anderen Seite die ausschwenkbare Haspel für C-Schläuche befanden. Die erste Version, wie sie 1956 an die FF Gräfelfing geliefert wurde, zeigte nach oben verlängerte Seitenwände, um auf dem Dach Ausrüstungen oder auf der Heimfahrt vom Brandeinsatz die nassen Schläuche lagern zu können.

Mitte der 1950er Jahre änderte sich die Normbezeichnung zu TLF 16 infolge der Erhöhung der Pumpenleistung auf 1.600 l/min bei 8 m Förder-

TLF 15 | BtF Fritzmeier Helfendorf | MD S 3500 | Magirus | 1955 | 2.400 W | ehemals BF und FF München | 1977 von FF Hofolding | 1988 an BtF Fritzmeier Bruckmühl-Hinrichssegen (Lkr. Rosenheim) (udp)

TLF 15 | FF Gräfelfing | MD A 3500 | Magirus | 1956 | 2.400 W | 1984 außer Dienst (whe)

höhe. Am Aufbau ersetzte eine Dachreling die erhöhten Seitenwände. Diese Ausführung entwickelte sich zum Verkaufsschlager, Magirus lieferte das TLF 16 auf Rundhauber-Fahrgestell an Feuerwehren auf fast allen Kontinenten. Auch die FF Ottobrunn kam 1958 in den Genuss eines solchen Fahrzeugs. Bei seiner Ausmusterung kaufte es 1981 die FF Börwang im Oberallgäu, um das ursprünglich aus Grünwald stammende TLF 15 zu ersetzen. 12 Jahre später war die FF Börwang wieder auf der Suche nach einem gebrauchten TLF 16. Auf Vermittlung des Autors dieses Buches ging das bei der FF Hohenbrunn ausgemusterte TLF 16 auf DB LAF 1113 B ins Allgäu. Somit kam das TLF 16 auf Rundhauber nach Ottobrunn zurück. Dieser Oldtimer bot den Anlass zur Gründung und die Vorlage des Namens der Rundhauberfreunde.de. Dabei handelte es sich um einen privaten Zusammenschluss von Feuerwehroldtimerliebhabern aus Süddeutschland. Bei deren Mitgliedern sind seit 2009 alle drei aus dem Landkreis München stammenden und einstmals nacheinander bei der FF Börwang eingesetzten TLF 15 und TLF 16 erhalten geblieben.

Nicht jede Wehr konnte in den 1960er und 1970er Jahren ein fabrikneues TLF 16 beschaffen. Für Gebrauchtfahrzeuge gab es im Landkreis München rege Nachfrage: Von 1967 bis 1972 lief bei der FF Sauerlach ein TLF 15, das im Fuhrpark der Münchner Feuerwehr ein Einzelstück gewesen war. Bis zu Beginn der 1950er Jahre standen die Besatzungsmächte dem Bau von Lastwagen mit Allradantrieb durch deutsche Hersteller sehr reserviert gegenüber. Man sah in diesen vor allem eine nicht gewünschte militärische Verwendbarkeit. Die Bauwirtschaft und die Feuerwehren meldeten jedoch Bedarf für den Allradantrieb an, um ihre Einsatzstellen zu erreichen. So erhielt die BF München 1951 ein TLF 15, das sich durch seine wuchtige Motorhaube für den 130 PS starken 6-Zylinder-Motor auszeichnete. 1969 stellte die WF MBB-IABG Ottobrunn ein 1952 gebautes TLF 15 auf Magirus-Deutz S 3000 in Dienst. Seine Herkunft war nicht mehr zu ermitteln. 1971 übernahm die FF Hofolding von der Feuerwehr München ein TLF 15. Es war 1955 deren letztes beschaffte TLF 15 in der Ausführung mit Straßenantrieb und in Omnibus-Bauweise. Von Hofolding ging es 1977 weiter an die betriebliche Feuerwehr der Firma Fritzmeier in Helfendorf. 1975 hieß der Verkäufer wieder Stadt München, als die FF Straßlach erstmals ein wasserführendes Fahrzeug

TLF 16 | FF Ottobrunn | MD A 3500 | Magirus | 1958 | 2.400 W | 1981 an FF Börwang (Lkr. Oberallgäu) | Oldtimer bei den Rundhauberfreunden.de

TLF 16 | FF Straßlach | MD Mercur 150 A | Magirus | 1963 | 1.600 W | ehemals TroTLF 16 | 1975 von BF München | 1993 an Feuerwehr Hrvatska Kostajnica (Kroatien)

TLF 16 | FF Haar | DB LAF 322 | Bachert | 1964 | 2.400 W | 1993 an FF Zschorlau (Lkr. Erzgebirgskreis) | erhalten geblieben bei Feuerwehr Oldtimer Haar

TLF 16 | BtF Institut für Plasmaphysik Garching | MD FM 150 D 10 | Magirus | 1965 | 2.400 W | 1986 außer Dienst (ipp)

TLF 16 | WF Bavaria Film Grünwald | DB LAF 1113/36 | Ziegler | 1966 | 2.400 W | 2000 außer Dienst

TLF 16 | FF Oberschleißheim | MAN 450 HALF | 1968 | 2.400 W | 1991 an FF Weißig (Stadt Dresden)

TLF 16 | FF Unterhaching | MAN 450 HALF | 1969 | 2.400 W | 1989 an FF Sand am Main (Lkr. Haßberge)

beschaffte. Ursprünglich handelte es sich um ein 1963 gebautes TroTLF 16, dessen Pulverlöschanlage bereits bei der stadtinternen Übergabe von der BF München an die FF München ausgebaut worden war. Dieses Fahrzeug soll sich im Frühjahr 2020 noch im Bestand der kroatischen Feuerwehr befunden haben, die es 1993 aus Straßlach erhalten hatte. 1982 ging bei der FF Helfendorf das letzte im Landkreis München gebraucht erworbene TLF 15 in Dienst. Mit der Aufschrift „Tanklöschzug Achental" hatte der Magirus-Deutz Rundhauber vom Gerätehaus der FF Übersee aus von 1953 an fast dreißig Jahre lang die Feuerwehren südlich des Chiemsees mit Löschwasser unterstützt. Es handelte sich um die seltene Kombination aus Allradfahrgestell mit langem Radstand von 4,2 Meter und 130 PS starkem V6-Zylinder-Motor sowie der Omnibus-Bauweise. Wegen des schwereren Fahrgestells verringerte sich die Größe des Wassertanks auf 2.000 Liter.

Im Jahr 1964 kam zum ersten Mal ein TLF 16 auf Mercedes-Benz aus der Kurzhauber-Generation zu den Feuerwehren im Landkreis und viele sollten bis Mitte der 1970er Jahre folgen. Die Bezeichnung „Kurzhauber" stammt von seiner Bauform, denn der Motor ragte ein Stück weit in den Fahrerraum hinein, wodurch die rundliche Motorhaube kurz gehalten werden konnte. Etwa zwanzig Jahre lang bestimmte der Kurzhauber das Bild der Feuerwehrfahrzeuge von Mercedes-Benz. Dabei erlebte er um 1969 eine optische Auffrischung, erkennbar an der höheren Windschutzscheibe, die innen für 55 Millimeter mehr Kopffreiheit sorgte. Die Wahl der Aufbauten zeigte deutlich, welcher Hersteller damals im Landkreis München den Markt beherrschte. Nur Haar kaufte 1964 bei Bachert, alle anderen 17 TLF 16 auf DB Kurzhauber entstanden in den Werkshallen von Ziegler in Giengen an der Brenz. An ihnen kann man die Entwicklung der Aufbauformen von der seitlich angeschlagenen Drehtüre über die nach oben schwenkende Klapptüre bis zu den Rollläden gut nachvollziehen:

Auslieferungen TLF 16 von Ziegler auf Mercedes-Benz Kurzhauber

1965 an die FF Oberhaching und Planegg
1966 an die WF Bavaria Film Grünwald
1967 an die FF Garching
1969 an die FF Ismaning, Neubiberg, Neuried und Unterschleißheim
1972 an die FF Brunnthal, Grünwald, Hochbrück und Sauerlach
1973 an die FF Dornach und Hohenbrunn
1975 an die FF Feldkirchen, Höhenkirchen und Hohenschäftlarn

Zu jener Zeit bot Magirus die „Eckhauber-Generation" an. Ansonsten baugleich mit dem Rundhauber war nun nur die Motorhaube eckig geformt. Das einzige TLF 16 im Landkreis in dieser Bauform lief von 1965 bis 1986 in Garching bei der BtF des Instituts für Plasmaphysik. Als dritter Fahrgestellhersteller gesellte sich MAN mit seiner Hauber-Generation in den 1960er Jahren hinzu. Die FF Oberschleißheim kaufte 1968 und 1972 je ein TLF 16 auf MAN 450 HALF mit Aufbau von Bachert. Die FF Unterhaching wählte 1969 und die FF Unterföhring 1973 den MAN mit Ziegler-Aufbau.

1968 setzte Magirus Maßstäbe im Feuerwehrfahrzeugbau. Die aus dem Fernverkehr bekannte Frontlenkerbauweise gab es nun auch für die Feuerwehrfahrzeuge. Und früher als die Mitbewerber führte Magirus an den Gerä-

TLF 16 | FF Ismaning | DB LAF 1113 | Ziegler | 1969 | 2.500 W | 2001 außer Dienst | erhalten als Oldtimer bei der Wehr

TLF 16 | FF Neubiberg | DB LAF 1113 | Ziegler | 1969 | 2.500 W | 1993 an FF Pappritz (Stadt Dresden)

TLF 16 | FF Brunnthal | DB LAF 1113 B | Ziegler | 1972 | 2.500 W | 2014 außer Dienst

TLF 16 | FF Oberschleißheim | MAN 450 HALF | 1972 | 2.400 W | 1996 außer Dienst

TLF 16 | FF Unterföhring | MAN 450 HALF | 1973 | 2.400 W | 2002 außer Dienst | erhalten als Oldtimer bei der Wehr

TLF 16 | FF Aschheim | DB LAF 1113 B | Ziegler | 1973 | 2.500 W | 1992 von FF Dornach | 2001 außer Dienst

teräumen die staub- und wasserdichten Rollläden aus Aluminium-Profilen ein. Die FF Taufkirchen entschied sich 1971 als erste Wehr im Landkreis für das TLF 16 in Frontlenkerausführung. Pullach im Isartal, Baierbrunn und Ottobrunn folgten bis 1981. Ende der 1970er Jahre ging Magirus im neu gebildeten Iveco-Konzern auf. Ab 1983 führte Iveco die MK-Baureihe im Markt ein, wobei MK für „Mittelklasse" steht. TLF 16 gab es davon bei den FF Hofolding, Pullach im Isartal und Siegertsbrunn. Zehn Jahre später präsentierte Iveco die EuroCargo-Baureihe. Dafür entschieden sich die FF Helfendorf, Sauerlach und Taufkirchen sowie die WF Bavaria Film Grünwald. Das 1999 gebaute Sauerlacher Fahrzeug steht seit 2015 bei der FF Arget.

Bei Mercedes-Benz brach Ende der 1970er Jahre auch das Frontlenker-Zeitalter bei den Fahrgestellen für die Feuerwehr an. Aus allen Baureihen wie „NG" (Neue Generation), „MK (Mittlere Klasse), „LN2" (Lastwagen Neu der 2. Gewichtsklasse) und Atego fanden und finden sich noch TLF 16 bei den Feuerwehren im Landkreis München. Als Aufbauhersteller waren Bachert, Metz und Ziegler vertreten. MAN gelang es, die 1990 vorgestellte Baureihe M90 mit großem Erfolg bei den Feuerwehren zu platzieren. Die FF Hohenbrunn, Grasbrunn und Straßlach entschieden sich bei ihren TLF 16 für diesen Hersteller.

Fahrzeugbestand im Landkreis München zum 1. Januar 2023

9 TLF 16 bei den FF Arget, Baierbrunn, Haar, Helfendorf, Hochbrück, Oberhaching, Oberschleißheim und Straßlach sowie bei der WF Bavaria Film Grünwald
1 HTLF 16 bei der Bundeswehrfeuerwehr Uni BW Neubiberg

TLF 16 | FF Baierbrunn | MD FM 170 D 11 FA | Magirus | 1974 | 2.500 W | 2001 außer Dienst

TLF 16 | FF Gräfelfing | DB 1017 AF | Bachert | 1978 | 2.500 W | 2003 an FF Allersberg (Lkr. Roth)

TLF 16 | FF Arget | DB 1019 AF | Ziegler | 1980 | 2.500 W | 2015 außer Dienst

TLF 16 | FF Ottobrunn | MD FM 192 D 11 FA | Magirus | 1981 | 2.500 W | 2012 an Fw Agia Sotira Paniperi (Griechenland)

TLF 16 | FF Siegertsbrunn | Iveco 120-23 AW | Magirus | 1990 | 2.500 W | 2020 außer Dienst, 2022 an Fw Kuče (Kroatien)

TLF 16 | FF Oberschleißheim | DB 1120 AF | Metz | 1991 | 2.500 W | 2019 außer Dienst, 2020 an Fw Baryschiwka (Ukraine)

TLF 16 | FF Haar | DB 1224 AF | Metz | 1992 | 2.500 W

TLF 16 | FF Oberhaching | DB 1224 AF | Ziegler | 1993 | 2.500 W

TLF 16 | FF Heimstetten | DB 1124 AF | Ziegler | 1993 | 2.500 W | 2018 an Feuerwehr Páty (Ungarn)

TLF 16 | FF Hohenbrunn | MAN 12.232 FA-LF | Metz | 1993 | 2.500 W | 2021 außer Dienst, 2022 an Ukrainehilfe

TLF 16 | FF Straßlach | MAN 12.232 FA-LF | Ziegler | 1993 | 2.500 W

TLF 16 | FF Oberschleißheim | DB 1124 AF | Metz | 1996 | 2.500 W

TLF 16 | FF Helfendorf | Iveco 135 E 24 4x4 | Magirus | 1996 | 2.500 W

TLF 16 | WF Bavaria Film Grünwald | Iveco 130 E 18 4x2 | 2000 | 2.400 W

TLF 16 | FF Hochbrück | DB Atego 1325 AF | Ziegler | 2000 | 2.500 W

TLF 16 | FF Baierbrunn | MAN 14.255 LA-LF | Ziegler | 2001 | 2.500 W

Tanklöschfahrzeuge TLF 24/50 bis TLF 4000

Weil es im Wald und auf der Autobahn keine Hydranten gibt, bei Bränden aber große Wassermengen benötigt werden, erwuchs aus der Praxis die Forderung nach einem Großtanklöschfahrzeug. Als TLF 24/50 hielt es 1978 Einzug in den Katalog der genormten Einsatzfahrzeuge. 5.000 Liter Wasser, 500 Liter Schaummittel, leistungsfähige FP 24/8, Schaum-Wasserwerfer und Truppbesatzung lauteten die Kriterien. In Anpassung an die geänderte Einteilung der Leistungsstufen der Pumpen änderte sich 2005 die Bezeichnung in TLF 20/40 oder TLF 20/40-SL. Die Buchstaben SL stehen für eine zusätzliche Beladung mit Sonderlöschmitteln wie Pulver oder Kohlendioxid. Mit der bundesweiten Einführung des digitalen BOS-Funks musste man sich wieder an einen neuen Namen gewöhnen. Dieser lautet seit 2011 nun TLF 4000.

Bei Flughafenfeuerwehren gab es bereits seit den 1950er Jahren Großtanklöschfahrzeuge, die das kleinere schnell vorausfahrende Flughafenlöschfahrzeug mit mehr Wasser unterstützten. Magirus nannte sie deshalb Zubringerlöschfahrzeuge ZB 6/24. Die Typbezeichnung nahm Bezug auf 6.000 Liter Löschmittel und eine Leistung der Feuerlöschkreiselpumpe von 2.400 l/min bei 8 bar. Zu den Olympischen Spielen 1972 beschaffte die BF München die ersten beiden von vier ZB 6/24. Einer dieser 1971 gebauten Magirus-Deutz FM 200 D 16 A kam 1991 als Gebrauchtfahrzeug zur FF Ottobrunn, die es 2006 an die FF Harthausen abgab. Dort steht es als letztes der vier Münchner ZB 6/24 noch immer im Einsatzdienst.

Eine bewegte Geschichte hat das ZB 6/24 hinter sich, das von 1996 bis 2013 bei der FF Feldkirchen lief. Magirus erhielt Ende der 1960er Jahre einen Großauftrag von der „City of Seoul – Republic of Korea" über 37 ZB 6/24. Der Vertrag platzte jedoch, als bei Magirus bereits einige Fahrzeuge im Bau standen. Weil Not erfinderisch macht, baute Magirus diese Fahrzeuge um, setzte die Aufbauten auf Allradfahrgestelle, integrierte einen Schaummittelbehälter von 500 Litern und setzte in einer Nische beidseitig jeweils eine Haspel mit formfestem Schnellangriffsschlauch ein. Das erklärt die optischen Unterschiede zur Münchner Ausführung. Das hessische Innenministerium beschaffte 1973 sechs dieser ZB 6/24 und übergab eines an die FF Fulda. Von dort kaufte es die FF Feldkirchen. Als es dort durch ein TLF 4000 abgelöst wurde, übergab man es zuerst an das Feuerwehrmuseum Bayern in Waldkraiburg. Seit 2022 steht es bei einem Fahrzeugsammler im Schwarzwald.

Im Herbst 2003 trafen sich die drei ZB 6/24 im Landkreis München zu einer Gruppenaufnahme, von links: FF Ottobrunn, FF Feldkirchen, WF EADS Ottobrunn

ZB 6/24 | FF Harthausen | MD FM 200 D 16 A | Magirus | 1971 | 6.000 W 500 S | 2006 von FF Ottobrunn (Lkr. München)

ZB 6/24 | WF MBB-IABG Ottobrunn | MD FM 200 D 16 A | Magirus | 1971 | 6.000 W 500 S | 2003 außer Dienst

ZB 6/24 | FF Feldkirchen | MD FM 200 D 16 A | Magirus | 1973 | 5.500 W 500 S | 1996 von FF Fulda | 2013 an Feuerwehrmuseum Bayern in Waldkraiburg

TLF 24/50 | FF Pullach im Isartal | MD FM 256 D 17 FA | Magirus | 1983 | 5.000 W 500 S | 2014 an Feuerwehr Baryschiwka (Ukraine)

TLF 24/50 | FF Gräfelfing | DB 1922 AK | Bachert | 1984 | 5.000 W 500 S | 2010 an FF Zschorlau (Lkr. Erzgebirgskreis) (tdo)

TLF 24/50 | FF Haar | DB 1625 AK | Bachert | 1986 | 5.000 W 500 S | 2013 an FF Görzke (Lkr. Potsdam-Mittelmark)

Um eine Sonderanfertigung handelt es sich bei dem ZB 6/24, das die damalige WF MBB-IABG Ottobrunn 1971 beschaffte für den Brandschutz bei Flugbetrieb auf dem werkseigenen Hubschrauberlandeplatz und bei Versuchen auf den Prüfständen für Raketentriebwerke. Dafür erhielt es eine spezielle Sonderausstattung. Dazu zählten eine Tankheizung für den Löschwasserbehälter sowie Bedienelemente im Fahrerhaus für Pumpe, Schnellangriffe und das ferngesteuerte Wendestrahlrohr für Wasser- und Schaumbetrieb. Um eine besondere Position in der Bestellung handelte es sich bei der Fernbedienung für Werfer und Pumpe. An den Raketentriebwerk-Prüfständen saugte das ZB 6/24 das Wasser mit Saugschläuchen aus einer Zisterne, die Besatzung saß geschützt in einem Bunker, in dem die Bedienelemente für Motor Start und Stop, Pumpe und Werfer eingebaut waren. Über eine 50 Meter lange Kabelfernbedienung steuerte sie so bei Bedarf die Löschanlage des Fahrzeuges aus sicherer Distanz.

Nach einem Großbrand bei der Firma Peroxid in Pullach im Isartal am 20. Mai 1982, der damals zu den größten Einsätzen der Nachkriegszeit in Oberbayern zählte, beschaffte die Gemeinde Pullach auf eigene Kosten bei Magirus ein TLF 24/50. Deshalb erhielt es wohl als einziges Fahrzeug dieser Ausführung einen 256 PS starken V8-Zylinder-Motor, üblich waren 232 PS.

Bei den TLF 20/40-SL und TLF 4000 gehören ergänzend zu den eingebauten Löschwasser- und Schaummittelbehälter immer häufiger fahrbare Feuerlöscher mit Pulver und Kohlendioxid zur Beladung. Diese fassen je nach Ausführung 50 Kilogramm Pulver oder 30 Kilogramm Kohlendioxid. Etwas größer ist die im Ottobrunner TLF 24/50 im Aufbau eingeschobene

TLF 24/50 | FF Unterschleißheim | DB 1729 AK | Ziegler | 1993 | 5.000 W 500 S

TLF 24/50 | FF Ottobrunn | DB Actros 1841 AK | Ziegler | 2006 | 5.000 W 500 S 250 P

TLF 20/40-SL | FF Aschheim | MAN TGM 18.340 4x4 BB | Rosenbauer | 2010 | 4.000 W 500 S

Löschanlage mit 250 Kilogramm Pulver. Sie kann mit einem Gabelstapler für Wartungsarbeiten herausgenommen werden. Die FF Aschheim wählte für ihr TLF 20/40-SL eine besondere Bauform. Die Pumpe ist nicht wie üblich im Heck sondern im Bereich des vorderen Geräteraums eingebaut, daher liegt der Bedienstand an der Seite. Das schuf im Heck Platz für drei Rollcontainer, die über eine 1.000 Kilogramm tragende Ladebordwand entnommen werden. Einer der Container ist beladen mit 250 Kilogramm Pulver, die anderen beiden mit jeweils 135 Kilogramm Kohlendioxid. Die FF Taufkirchen beschaffte 2019 mit dem TLF 4000 das erste Löschfahrzeug, das der Aufbauhersteller Walser aus Vorarlberg in Österreich in den Landkreis München lieferte. Die FF Neuried entschied sich im Hinblick auf das waldreiche Gemeindegebiet für ein StTLF 20/40 mit großem Wasserbehälter. Da es im Jahr 2016 ein LF 16/12 ablöste, wählte man eine Ausführung mit Staffelkabine, um ausreichend Einsatzkräfte mitnehmen zu können.

TLF 20/40-SL | FF Gräfelfing | DB Axor 1833 AK | Ziegler | 2010 | 4.500 W 400 S CAFS-Anlage

TLF 4000 | FF Haar | MAN TGM 18.340 4x4 BB | Schlingmann | 2013 | 4.800 W 700 S

TLF 4000 | FF Pullach im Isartal | MAN TGM 18.340 4x4 BB | Rosenbauer | 2014 | 5.000 W 500 S

Fahrzeugbestand im Landkreis München zum 1. Januar 2023

1 ZB 6/24 bei der FF Harthausen
2 TLF 24/50 bei den FF Ottobrunn und Unterschleißheim
2 TLF 20/40-SL bei den FF Aschheim und Gräfelfing
4 TLF 4000 bei den FF Feldkirchen, Haar, Pullach im Isartal und Taufkirchen
1 StTLF 20/40 bei der FF Neuried

TLF 4000 | FF Taufkirchen | MAN TGM 18.340 4x4 BB | Walser | 2019 | 5.000 W 500 S

StTLF 20/40 | FF Neuried | Scania P 360 4x4 | Rosenbauer | 2016 | 4.100 W 200 S CAFS-Anlage

Sonderlöschfahrzeuge

Nicht jedes Feuer lässt sich mit Wasser löschen. Schaummittel, Pulver und Kohlendioxid heißen die anderen gebräuchlichen Löschmittel. Fallen die Beladung mit Löschmitteln in ihrer Menge oder ihrer Kombination sowie die Pumpenleistung aus den Rahmen der üblichen normgerechten Lösch- und Tanklöschfahrzeuge, so spricht man von Sonderlöschfahrzeugen. Der Bedarf richtet sich nach den örtlichen Gegebenheiten und dem Gefahrenpotential. Deshalb setzen insbesondere Betriebs- und Werkfeuerwehren Sonderlöschfahrzeuge ein.

Zur Erstausstattung der 1962 gegründeten BtF Bölkow Ottobrunn – so ihr damaliger Name – gehörte ein SLF 25. Dabei handelte es sich um einen 1964 bei einem Dortmunder Gebrauchtfahrzeughändler erworbenen DB LAF 3500 mit interessanter Geschichte. Die Royal Air Force ließ sich für den Flugzeugbrandschutz auf seinen in Deutschland liegenden Militärflughäfen bei Metz 38 SLF 25 bauen. In der 1954 gebauten Version führten sie 2.600 Liter Wasser und 720 Liter Schaummittel mit. Die direkt hinter dem Fahrerhaus eingebaute Pumpe leistete 2500 l/min bei 8 bar.

Beim Druckfarbenhersteller Farben Huber in Heimstetten ergab sich der Bedarf zum Transport der Schaumausrüstung und des Atemschutzes. Dafür baute man in eigener Werkstatt einen zuvor als Werksbus genutzten VW Bus um, entfernte die Schiebetüren, die Heckklappe und die seitlichen Scheiben. Die Beladung bestand aus vier Atemschutzgeräten, der Mittel- und Schwerschaumausrüstung, Feuerlöscher sowie Schlauchmaterial und wasserführenden Armaturen.

Die BtF Merck Schuchardt im Hohenbrunner Gewerbegebiet Muna übernahm 2011 von der WF Merck Werk Gernsheim ein dort kurz zuvor ausgemustertes Hilfeleistungs-Tanklöschfahrzeug HTLF 60/60-20. Der dreiachsige DB 2636 transportiert 6.000 Liter Wasser und 2.000 Liter Schaummittel. Von dem ursprünglichen Aufbau der Firma Metz aus dem Jahr 1987 sind nur der Löschmittelbehälter über den Hinterachsen und die Pumpe mit einer Leistung von 6.000 l/min erhalten geblieben. Die Firma Merck ließ das Fahrzeug 1995 beim Schweizer Feuerwehrfahrzeughersteller Brändle überholen. Dort erhielt es den Aufbau mit den niedergezogenen Geräteräumen.

Erscheint das Kürzel „Tro“ für Trockenlöschmittel in der Typbezeichnung, dann ist im Fahrzeug eine Pulverlöschanlage eingebaut. 20 Jahre lang,

Der Fuhrpark der WF MBB-IABG Ottobrunn bestand ab 1965 aus vier Fahrzeugen: KTW auf DB 180 D, KTW auf VW, SLF 25 auf DB LAF 3500 von Metz und TSF auf Ford Transit FK 1250 von Ziegler (wfmbb)

Transporter | BtF Farben Huber Heimstetten | VW T2 | Eigenausrüstung | ca. 1978 | Umbau ca. 1984 | 1994 außer Dienst

HTLF 60/60-20 | BtF Merck Schuchardt Hohenbrunn | DB 2632 6x4 | Metz, Brändle | 1987 | 6.000 W 2.000 S | 2011 von WF Merck Gernsheim (Lkr. Groß-Gerau)

SLF 30/30 | WF Linde Pullach | Scania P 310 4x2 | Empl | 2017 | 3.000 W 120 S

von 1971 bis 1991, gab es die Norm DIN 14530 Teil 28 für das Trocken-Tanklöschfahrzeug TroTLF 16. Da sich dieser Fahrzeugtyp konzeptionell stark an das TLF 16 anlehnte, musste bei Einbau der 750 Kilogramm fassenden Pulverlöschanlage zur Einhaltung des zulässigen Gesamtgewichts von 11 Tonnen der Löschwasserbehälter auf 1.800 Liter begrenzt werden. Zusammen mit vier tragbaren Schaummittelbehältern von je 20 Litern eignete sich das TroTLF 16 zur Bekämpfung von Bränden der Brandklassen A (feste glutbildende Stoffe), B (brennbare Flüssigkeiten) und C (brennbare Gase). In Bayern beschafften von den 1960er bis in die 1980er Jahre fast alle Berufsfeuerwehren für ihre Löschzüge sowie in einigen größeren Städten – zumeist waren es Kreisstädte – die Freiwilligen Feuerwehren oft mit Unterstützung ihrer Landkreise einige TroTLF 16. Im Landkreis München gab es zwei fast baugleiche TroTLF 16 von Magirus entsprechend der Normausführung: von 1974 bis 2006 bei der FF Ottobrunn und von 1978 bis 2003 bei der WF TUM Garching. In Ottobrunn gab das Gefahrenpotential aus dem Schwerlast- und Gefahrgutverkehr auf dem damals soeben eröffneten Autobahnring A 99 den Ausschlag zur Beschaffung.

Zu den Aufgaben der damaligen WF MBB-IABG Ottobrunn gehörte die Sicherstellung des Brandschutzes auf den werkseigenen Flug- und Versuchsfeldern für Hubschrauber und Antriebselemente der Ariane-Raketen. Dafür erhielt die Wehr 1973 ein TroSLF 24/45-5 + 500 P auf Magirus-Deutz FM 232 D 16 FA mit 4.500 Liter Wasser, 500 Liter Schaummittel und 500 Kilogramm Pulver. Der Schaum-Wasserwerfer auf dem Kabinendach ließ sich aus dem Fahrerhaus heraus steuern. Die Ablösung kam im Jahr 2002 von Rosenbauer in Form eines TroSLF 30/50-5 + 250 P. Zwischenzeitlich hatte MBB (Messerschmitt-Bölkow-Blohm) in EADS (European Aeronautic Defence and Space) umfirmiert. Ebenso betreute die Werkfeuerwehr die Anlagen und Einrichtungen der IABG (Industrieanlagen Betriebsgesellschaft). Fahrgestell war ein DB Actros 1835 AK. Darauf setzte Rosenbauer GFK-Tanks für 5.000 Liter Wasser und 500 Liter Schaummittel. Die im vorderen Geräteraum eingebaute und an der linken Fahrzeugseite zu bedienende Pumpe vom Typ NH30 leistete 3.000 l/min bei 8 bar und im Hochdruckbetrieb 400 l/min bei 40 bar. Den Frontwerfer steuerte die Besatzung aus dem Fahrerhaus während sie zur Bedienung des Dachwerfers auf den Gerätekoffer steigen musste. Die Wurfweite beider Werfer mit einem Durchfluß von jeweils 2.400 l/min betrug etwa

TroTLF 16 | FF Ottobrunn | MD FM 170 D 11 FA | Magirus | 1974 | 1.800 W 750 P | 2006 an Feuerwehr Brzezie (Polen)

70 Meter. Beidseitig waren Haspeln mit je 80 Meter langem formfestem Hochdruckschlauch eingebaut. Die Löschanlage mit 250 Kilogramm Pulver von Minimax befand sich im hinteren Geräteraum. Dazu gehörte eine Schnellangriffseinrichtung mit 30 Meter langem Schlauch. Im Zuge einer Umstrukturierung der Firma EADS entfiel ab 2009 der Bedarf für das Sonderlöschfahrzeug. Rosenbauer soll es zurückgekauft und als Leihfahrzeug weiter verwendet haben.

Kohlendioxid setzen Feuerwehren bevorzugt bei Bränden in Laboratorien, Reinsträumen oder in elektrischen Anlagen wie Rechenzentren ein. Denn es hinterlässt keine Rückstände, ist nicht elektrisch leitend und zeigt keine korrodierende Wirkung. Seine erstickende Löschwirkung beruht auf der Verdrängung des Sauerstoffgehalts der Luft. Ein SLF-CO_2 gehörte ab 1985 zur Erstausstattung der Werkfeuerwehr mit der damaligen Bezeichnung „Feuerwehr Technische Universität München Forschungsgelände Garching". Seine Löschanlage von Total setzte sich aus 21 Flaschen zu je 30 Kilogramm verflüssigtem Gas zusammen. Ein Kilogramm CO_2 entspannt sich beim Löschen zu etwa 510 Liter Gas. Hersteller des Aufbaus, der auch Platz für Ausrüstung bei Gefahrguteinsätzen bot, war die Firma Weinmann aus Kirchheim. Auf jeder Fahrzeugseite befand sich eine Haspel mit einem 75 Meter langen formfesten Schnellangriffsschlauch zur direkten Brandbekämpfung oder zum Anschließen an der Einspeisestelle der Löschanlagen, die in den Gebäuden eingebaut waren. Die Ausmusterung des Fahrzeuges erfolgte 2004, die Kohlendioxid-Flaschen zogen in einen Abrollbehälter Sonderlöschmittel um. Ein weiteres SLF-CO_2 setzt die WF Bavaria Film in Grünwald seit 1996 ein. Es wird zugleich als KLAF genutzt.

TroTLF 16 | WF TUM Garching | MD FM 170 D 11 FA | Magirus | 1978 | 1.800 W 750 P | 2003 an WF Himolla Taufkirchen (Lkr. Erding)

TroSLF 24/45-5 + 500 P | WF MBB-IABG Ottobrunn | MD FM 232 D 16 FA | Magirus | 1973 | 4.500 W 500 S 500 P | 2002 außer Dienst

TroSLF 30/50-5 + 250 P | WF EADS-IABG Ottobrunn | DB Actros 1835 AK | Rosenbauer | 2002 | 5.000 W 500 S 250 P | ca. 2009 außer Dienst

Über ein Löschfahrzeug mit allen vier Löschmitteln Wasser, Schaum, Pulver und Kohlendioxid verfügt die FF Ismaning seit dem Jahr 2000. Der dreiachsige DB Actros 3340 6x6 entstand bei Ziegler, angepasst an spezifische örtliche Anforderungen aufgrund der Ansiedlung von Unternehmen aus den EDV- und Medienbranchen.

Die Mitglieder des Ikarus Luftsportclub Oberschleißheim bauten sich einen gebraucht erhaltenen Ford Transit FK zum Transport von Löschgeräten aus. Er zog einen Anhänger mit 250 Kilogramm Pulver. Da die historische Ju 52 zeitweise Flüge auf dem Sonderlandeplatz Oberschleißheim durchführte, ergab sich der Bedarf nach mehr Löschmittel. Nach einem Motorbrand an der Ju 52 im Jahr 2006 erwarb der Verein des Flugplatzes Schleißheim ein bei der FF Greiling (Landkreis Bad Tölz – Wolfratshausen) ausgemustertes LF 8. Der 1982 gebaute DB LF 409 mit Aufbau von Ziegler erhielt einen an die Aufgabe angepassten Umbau der Geräteräume. Das erledigte ein Gerätewart einer Wehr im Norden des Landkreises München. Anstelle der Tragkraftspritze kam ein 1.000 Liter fassender Wasserbehälter ins Heck und eine Rohrleitung führte zur Vorbaupumpe. Seit 2021 läuft auf dem Gelände ein mit „Einsatzfahrzeug" beschrifteter hybridangetriebener ziviler Audi Q7, der mit einigen Feuerlöschern beladen ist.

Fahrzeugbestand im Landkreis München zum 1. Januar 2023

5 Sonderlöschfahrzeuge bei der FF Ismaning, der BtF Merck Hohenbrunn, den WF Bavaria Film Grünwald und WF Linde Pullach sowie der Bundespolizei-Fliegerstaffel Oberschleißheim

TroSLF 48/60-5 + 500 P + 480 CO_2 | FF Ismaning | DB Actros 3340 6x6 | Ziegler | 2000 | 6.000 W 500 S 500 P 480 CO_2 CAFS-Anlage

SLF-CO_2 | WF TUM Garching | MD 90 M 7 FL | Weinmann, Total | 1985 | 630 CO_2 | 2004 außer Dienst

SLF-CO_2 | WF Bavaria Film Grünwald | DB Sprinter 308 D | Empl, Gloria | 1996 | 250 CO_2

Transporter | Ikarus Luftsportclub Oberschleißheim | Ford FK 1250 | Eigenausrüstung| 2006 außer Dienst (gbr)

Hubrettungsfahrzeuge

Die dichte Besiedelung und die Baustrukturen machen es im Landkreis München erforderlich, viele Drehleitern oder Teleskopmaste bei den Freiwilligen Feuerwehren und Werkfeuerwehren vorzuhalten. Deshalb gibt es 24 Hubrettungsfahrzeuge bei den 56 Wehren oder, anders ausgedrückt, in 20 der 29 Gemeinden.

Drehleiter DL 25 bis DLK 23-12

Bis Ende der 1970er Jahre trugen Drehleitern noch ganz einfach zu verstehende Bezeichnungen, weil die Zahl bei der DL 25 oder DL 30 die Leiterlänge in Metern angab. Für die praktische Umsetzung im Einsatz war diese Angabe jedoch wenig hilfreich, denn die Leiter fährt nicht senkrecht nach oben aus. Das Fahrzeug steht einige Meter neben dem Gebäude und sein Leiterpark wird schräg nach oben aufgerichtet. Daraus entwickelte sich in der Ausgabe der Norm von 1980 die umständlich klingende Typbezeichnung DLK 23-12: also eine Drehleiter mit Korb mit einer Rettungshöhe von 23 Metern bei seitlicher Ausladung von 12 Metern. Das entspricht etwa dem 8. Stock an einem Wohngebäude. Zugleich mussten sich viele Freiwillige Feuerwehren umgewöhnen, denn es entfielen in der Norm die bisher übliche Staffelkabine und die B-Haspel am Heck.

Der Siedlungsdruck im Landkreis München führte ab den 1960er Jahren zu einer starken Bautätigkeit. Dabei entschieden sich immer mehr Gemeinden, hohe Gebäude mit mehr als drei Stockwerken zu genehmigen. Die ersten beiden Drehleitern stellten 1963 die FF Oberschleißheim und 1964 die FF Pullach im Isartal in Dienst. Beide entschieden sich für eine DL 25 von Magirus, die ältere war noch auf dem Rundhauber-Fahrgestell Mercur 125, die jüngere auf dem Eckhauber-Fahrgestell Mercur 150 montiert. Die erste DL 30 h im Landkreis bekam 1968 die WF MBB-IABG Ottobrunn. Jedoch stand diese wohl nicht für Einsätze außerhalb des Werksgeländes zur Verfügung. Das

DL 25 | FF Oberschleißheim | MD Mercur 125 | Magirus | 1963 | 1989 an FF Altomünster (Lkr. Dachau)

DL 25 | FF Pullach im Isartal | MD Mercur 150 | Magirus | 1964 | 1981 an FF Baierbrunn (Lkr. München) (hjp)

DL 30 h | WF MBB-IABG Ottobrunn | MD FM 150 D 11 | Magirus | 1968 | 2001 außer Dienst

DL 30 h | FF Unterhaching | MD FM 170 D 11 F | Magirus | 1969 | 1995 an Feuerwehr Adeje (Teneriffa Spanien)

DL 30 h | FF Ismaning | MD FM 150 D 11 | Magirus | 1971 | bis 1979 bei BF München stationiert | 1993 außer Dienst | als Oldtimer bei der Wehr erhalten geblieben

DL 30 h | FF Haar | DB LF 1313 B | Metz | 1972 | 1999 außer Dienst | erhalten geblieben bei Feuerwehr Oldtimer Haar

DLK 23-12 | WF Helmholtz-Zentrum Neuherberg | MD FM 170 D 12 F | 1979 | 2004 von WF TU Garching | 2012 außer Dienst

kleine „h" in der Typbezeichnung wies auf die vollhydraulische Ausführung hin. Nicht nur der Aufrichtzylinder und das Leitergetriebe für das Ausfahren des Leiterparks hatten hydraulischen Antrieb sondern auch der Motor zum Drehen der Leiter und die vier schräg ausfahrenden Abstützungen. Die Bautätigkeit in rasch wachsenden Gemeinden wie beispielsweise die Großsiedlungen Am Jagdfeld in Haar, Grünau in Unterhaching oder An der Ottosäule in Ottobrunn führte zur Anschaffung mehrerer DL 30 h zu Beginn der 1970er Jahre. Wegen der hohen Kosten schlossen sich Gemeinden bei der Beschaffung zusammen. So beteiligten sich Putzbrunn 1971 an der ersten Ottobrunner DL 30 h, Grasbrunn 1972 an der Haarer Drehleiter, und einige Jahre später kauften Aschheim und Kirchheim gemeinsam ein. Garching, Unterföhring und Ismaning hatten 1971 gemeinsam eine DL 30 h beschafft. Weil es bis 1979 in Ismaning keine Unterstellmöglichkeit gab, nahm die benachbarte BF München den Magirus Eckhauber in ihren Fuhrpark auf. Von der Feuerwache 7 im Münchner Stadtteil Milbertshofen rückte sie auf Anforderung in den Landkreis aus. In den 1970er Jahren boten die Hersteller Zusatzausstattungen an, um die Drehleiter auch bei der technischen Hilfeleistung einsetzen zu können. Die FF Ottobrunn und Unterschleißheim wählten einen Kran am unteren Leiterpark, der drei Tonnen heben konnte. Die FF Gräfelfing und Unterschleißheim ließen jeweils einen Generator einbauen, die Leistungsangaben reichten von 11 bis 20 kVA.

Die FF Baierbrunn beschaffte bei ihren ersten drei Drehleitern jeweils Gebrauchtfahrzeuge. Von 1981 bis 1996 lief dort die frühere Pullacher DL 25. Die Ablösung kam von der BF Berlin mit einem der dort typischen MAN Haubenfahrzeuge als DLK 23-12. Als dritte stand dann von 2015 bis 2022 die ehemalige Unterhachinger DLK 23-12 in Baierbrunn.

Bei den DLK 23-12 ergänzten die beiden Firmen Magirus und Metz, die den Weltmarkt für Drehleitern beherrschen, die Typbezeichnung mit ihren firmenspezifischen Kürzeln. Diese vermitteln den raschen technologischen Fortschritt, der im Drehleiterbau Einzug hielt. Bei Magirus bedeutete CC Computer Controlled, dann CS Computer Stabilized. 1994 sorgte Magirus auf der Messe Interschutz für eine Sensation mit dem abwinkelbaren Gelenk-Leiterteil an der Leiterspitze – abgekürzt mit GL. Kurze Zeit später ergänzte Magirus eine Ausführung dieses Leiterteils, das sich teleskopieren ließ, was GL-T aussagt. Und ist das Fahrgestell mit einer Hinterachszusatzlenkung zur Erhöhung der Wendigkeit ausgestattet, dann führt das zur Bezeichnung DLK 23-12 CS GL-T HZL, wie es das Tauf-

DLK 23-12 | FF Aschheim | DB 1419 F | Metz | 1979 | 1989 an FF Kirchheim (Lkr. München)

DLK 23-12 | FF Baierbrunn | MAN 13.192 H-DL | Metz | 1980 | 1996 von BF Berlin | 2015 außer Dienst

DLK 23-12 | FF Oberschleißheim | DB 1422 F | Metz | 1989 | 2014 außer Dienst

DLK 23-12 CC | FF Unterföhring | DB 1422 F | Magirus | 1993 | 2018 an FF Wörth an der Donau (Lkr. Regensburg)

DLK 23-12 PLC3 | FF Garching | DB 1524 F | Metz | 1993 | 2022 außer Dienst

kirchner Fahrzeug von 2006 zeigt. Die Messe Interschutz bot wieder die Bühne für die nächste Drehleiter-Innovation von Magirus. 2010 präsentierte man die M32L-AS, was „Magirus, Arbeitshöhe 32 Meter, Ladder, Articulated, Singe Extension" heißt. Bei dieser Ausführung fährt das oberste Leiterteil, in dem der Gelenkarm integriert ist, erstmal komplett aus, bevor sich die anderen Leiterteile bewegen. Die bisherige Bauform mit dem eigenständigen Gelenkarm bietet Magirus alternativ weiterhin an unter der Bezeichnung M32L-AT mit T für Teleskopteil.

Metz, der andere renommierte deutsche Hersteller von Drehleitern, gehört seit 1998 zu Rosenbauer. Seit 2015 ist der Name Metz Geschichte und die Hubrettungsgeräte werden seitdem von der Firma Rosenbauer weltweit unter deren Namen angeboten. Metz hatte 1990 die rechnergesteuerte Drehleiter präsentiert, wofür PLC „Program Logic Control" steht. 2007 brachte auch Metz einen Leiterpark mit neigbaren Korbarm auf den Markt. Die Bezeichnung lautet L32A. 2013 kamen die Buchstaben XS hinzu für „extra schmal", also einer Bauweise zur Montage des Korbarms am Leiterpark, die den Platzbedarf beim Aufrichten an der Einsatzstelle minimiert.

Eine ebenso rasante Entwicklung war bei den Rettungskörben gegeben. Ihre Tragfähigkeit nahm von anfangs 180 Kilogramm bis auf 500 Kilogramm zu. Verschiedene Anbaugeräte wie Krankentragenhalterung, Wendestrahlrohr, Lüfterpodest, Abseilgalgen oder Scheinwerfer erweiterten den einsatztaktischen Wert der Drehleitern enorm.

DLK 23-12 CC | FF Unterschleißheim | DB 1524 F | Magirus | 1994 | 2020 außer Dienst

DLK 23-12 CC | FF Baierbrunn | MAN 14.232 F | Magirus | 1995 | 2015 von FF Unterhaching (Lkr. München) | 2022 außer Dienst

DLK 23-12 CC | FF Gräfelfing | Iveco 150 E 27 | Magirus | 1996 | 2021 an Feuerwehr El-Mina Stadt Tripoli (Libanon)

DLK 23-12 PLC3 | WF EADS-IABG Ottobrunn | DB Atego 1528 F | Metz | 2001 | ca. 2009 außer Dienst

DLK 23-12 GL CS | WF TUM Garching | DB Econic 1828 LL | Magirus | 2004 (hjs)

DLK 23-12 CS | FF Neuried | DB Atego 1528 F | Magirus | 2004

DLK 23-12 GL-T CS HZL | FF Taufkirchen | Iveco 150 E 28 | Magirus | 2006

DLK 23-12 GL-T CS | FF Pullach im Isartal | Iveco 160 E 30 | Magirus | 2010

DLK 23-12 M32L-AS | WF Helmholtz-Zentrum Neuherberg | Iveco 160 E 30 | Magirus | 2012

DLK 23-12 L32A | FF Kirchheim | DB Atego 1529 | Metz | 2012

DLK 23-12 M32L-AS | FF Oberschleißheim | DB Atego 1529 | Magirus | 2014

DLK 23-12 M32L-AS | FF Ottobrunn | MAN TGM 15.290 4x2 LL | Magirus | 2017

DLK 23-12 M32L-AT | FF Ismaning | DB Atego 1630 F | Magirus | 2020

DLK 23-12 L32A XS 3.0 | FF Haar | DB Atego 1630 F | Rosenbauer | 2020

DLK 23-12 L32A XS 3.0 | FF Gräfelfing | MAN TGM 15.290 4x2 LL | Rosenbauer | 2020

DLK 23-12 M32L-AT | FF Unterschleißheim | MAN TGM 15.290 4x2 BL | Magirus | 2020

DLK 23-12 M32L-AS | FF Baierbrunn | MAN TGM 15.290 4x2 BL | Magirus | 2021

DLK 23-12 auf Allradfahrgestell

Allradantrieb ist bei Drehleitern sehr ungewöhnlich. Oft sind es topografische Verhältnisse im Alpenvorland oder in Mittelgebirgen, die den Ausschlag zu ihrer Beschaffung gegeben haben. Die seit 2013 bei der WF IABG Ottobrunn stationierte DLK 23-12 von Metz auf dem Allradfahrgestell DB 1625 AK stammt von der stillgelegten Versuchsanlage der Magnetschwebebahn Transrapid im Emsland. Um alle Stellen der aufgeständerten 32 Kilometer langen Teststrecke zu erreichen, war Allradantrieb erforderlich. Die Firma Metz war es ebenfalls, die im Jahr 2011 eine DLK 23-12 in der Ausführung L32A auf DB Atego-Allradfahrgestell an die FF Grünwald lieferte.

DLK 23-12 | WF IABG Ottobrunn | DB 1625 AK | Metz | 1988 | 2013 von WF IABG Lathen

DLK 23-12 L32A | FF Grünwald | DB Atego 1629 AF | Metz | 2011

Drehleiter DLK 23-12 niedrige Bauart

Auf der Fachmesse Interschutz 1980 in Hannover präsentierte Magirus die DLK 23-12 nB. Die Buchstaben nB stehen für niedrige Bauart. Ihren Beinamen „Münchner Leiter“ erhielt sie, weil der damalige Münchner Oberbranddirektor Karl Seegerer die Anregung zu ihrer Konstruktion gab. Seine Forderungen an die neue Drehleitergeneration lauteten: niedriger, schmäler, wendiger und möglichst noch bedienfreundlicher. Magirus löste die Aufgabe mit einem Spezialchassis, bei dem das Fahrerhaus tiefer vor der Vorderachse und der Motor hinter der Achse sitzen. Weitere neu entwickelte Komponenten stellen die in der Abstützbreite flexible Vario-Abstützung und der flache Leiterstuhl mit Niveauausgleich dar. So betrug die Gesamthöhe nur noch 2,85 Meter gegenüber 3,25 Metern in der Standardausführung. München bestellte 12 Fahrzeuge und begründet damit eine bis heute anhaltende Erfolgsgeschichte der Drehleiter in niedriger Bauart. Eines dieser Fahrzeuge übernahm 1998 die FF Siegertsbrunn als Gebrauchtfahrzeug von der BF München. Die Gemeinde Taufkirchen zählt zum Kreis des ersten Dutzend Kunden, die eine Drehleiter in dieser Bauform bestellten. Grund war, dass sich auf der Strecke zwischen dem Gerätehaus und der Siedlung am Wald damals eine für die Standardausführung zu niedrige Bahnunterführung befand. Bei den FF Ottobrunn und Siegertsbrunn lag es an den Torhöhen der jeweiligen Gerätehäuser, dass man sich für diese Ausführung entschied.

DLK 23-12 nB | FF Siegertsbrunn | MD F 256 M 12 | Magirus | 1980 | 1998 von BF München | 2009 an WF TUM Weihenstephan (Lkr. Freising)

DLK 23-12 nB | FF Taufkirchen | MD F 256 M 12 | Magirus | 1981 | 2006 außer Dienst

DLK 23-12 nB CC | FF Ottobrunn | Iveco 150 E 27 | Magirus | 1996 | 2017 außer Dienst | Nutzung als Leihfahrzeug durch Magirus, 2022 Spende in die Ukraine

DLK 23-12 nB GL-T CS | FF Siegertsbrunn | Iveco 160 E 30 | Magirus | 2009

Leiterbühne LB 30

Gelenkmaste punkteten Ende der 1960er Jahre mit großen an der Mastspitze montierten Rettungskörben. Dagegen hatten die Drehleitern einen mit maximal 180 Kilogramm belastbaren Korb, den man zudem erst an der Einsatzstelle personal- und zeitaufwändig an der Leiterspitze einhängen musste. Um mit den Gelenkmasten auf dem Weltmarkt zu konkurrieren, entwickelte Magirus die sogenannte „Leiterbühne". An einem dafür neu entwickelten stabileren Leitersatz saß der fest montierte Korb für 300 Kilogramm oder vier Personen mit Kupplungen zum Anschließen von Schlauchleitungen, Wenderohr, Halogenstrahlern und Steckdosen für elektrische Arbeitsgeräte. Allerdings war dafür ein schwereres Fahrgestell aus der Magirus Eckhauber-Baureihe mit 16 Tonnen zulässigem Gesamtgewicht erforderlich. In dieser Ausführung gingen Leiterbühnen an die BF Frankfurt am Main, Madrid, Rio de Janeiro und 1971 an die FF Neuried. Ausschlaggebend dafür war der Bau mehrstöckiger Wohnanlagen an der Ammerseestraße. An den Beschaffungskosten beteiligte sich der Bauträger, weil das Hubrettungsfahrzeug den zweiten Rettungsweg darstellte, der sonst baulich hätte geschaffen werden müssen. Die Führung der FF Neuried besuchte die BF Frankfurt am Main und erkundigte sich dort zum Hochhausbrandschutz und zur Leiterbühne. Bei der Firma Magirus in Ulm entdeckte man dieses Fahrzeug, das von den Abmessungen her in das damalige Gerätehaus passte.

Fahrzeugbestand im Landkreis München zum 1. Januar 2023

21 DLK 23/12 bei den FF Aschheim, Baierbrunn, Garching, Gräfelfing, Grünwald, Haar, Ismaning, Kirchheim, Neuried, Oberschleißheim, Ottobrunn, Planegg, Pullach im Isartal, Siegertsbrunn, Taufkirchen, Unterföhring, Unterhaching, Unterschleißheim und bei den WF TUM Garching, Helmholtz-Zentrum Neuherberg, IABG Ottobrunn

LB 30/4 | FF Neuried | MD FM 200 D 16 | Magirus | 1971 | 2005 außer Dienst | als Oldtimer erhalten bei Historische Magirus Feuerwehrfahrzeuge Bayern in Kienberg (Lkr. Traunstein)

Gelenkmastbühnen GMB und Teleskopgelenkmaste TGM

Als Anfang der 1970er Jahre die ersten Gelenkmastbühnen bei deutschen Feuerwehren auftauchten, war die Skepsis groß. Im Vergleich zur Drehleiter seien sie größer, schwerer und schwerfälliger lauteten die Vorurteile. Aber die Gelenkmastbühne hatte auch Vorteile: Mit ihren abwinkelbaren Armen konnte sie über Dachkanten hinwegreichen und erreichte Stellen, an die eine Drehleiter niemals hinkam. Der Korb musste nicht erst mühsam an der Leiterspitze eingehängt werden. Mit ihrer Nutzlast war sie der damaligen Drehleiter weit überlegen ebenso bei der fest installierten Ausstattung mit Scheinwerfern, Wenderohr, Stromanschluss und fest verlegter Wasserleitung. Als die FF Fulda 1975 ihre GMB 26 erhielt, schrieb sie Feuerwehrgeschichte, denn es war erst die dritte in Deutschland bei einer Freiwilligen Feuerwehr. Der von der englischen Firma Simon gebaute dreiteilige Mast vom Typ SS 263 erreichte eine Arbeitshöhe von 26 Metern und eine seitliche Ausladung von 13 Metern. Der Korb trug 360 Kilogramm. 1998 erwarb die FF Feldkirchen dieses in Deutschland einmalige Fahrzeug. Durch ihre große Korblast bot sie die Möglichkeit, bei einem Brand in einem ortsansässigen Tanklager mit dem Werfer größere Schaummittelmengen abzugeben.

Die meisten Teleskopgelenkmaste verfügen – im Gegensatz zu vielen Arbeitsbühnen bei Verleihfirmen – über eine seitliche Leiter für einen Notabstieg. Für Rettungen aus Gebäuden im Bezirkskrankenhaus Haar stellte deren Werkfeuerwehr 1989 einen TGM 32 in Dienst. Die Firma Wumag aus Krefeld verwendete dafür ein dreiachsiges Fahrgestell. Der Teleskoparm fuhr bis auf 32 Meter in die Höhe. Mit 400 Kilogramm Korblast erreichte er eine seitliche Reichweite von 18 Metern. Sowohl die FF Feldkirchen als auch die WF Isar-Amper-Klinikum IAK Haar ersetzten diese Fahrzeuge wieder durch TGM 32. In Feldkirchen entschied man sich für die Firma Bronto Skylift aus Finnland, einem weltweit tätigen Anbieter von Hubarbeitsbühnen. Die Karosseriearbeiten führte in deren Auftrag die Schweizer Firma Rusterholz aus. Die WF IAK stellte 2019 ein Fahrzeug in Dienst, das bei Palfinger im Jahr 2010 für die FF Rust gebaut wurde. Dritte Feuerwehr im Landkreis München mit einem Teleskopgelenkmast ist die FF Neubiberg, Sie entschied sich 2008 für eine TGM 27 von Wumag auf einem Allradfahrgestell.

Fahrzeugbestand im Landkreis München zum 1. Januar 2023

1 TGM 27 bei der FF Neubiberg
2 TGM 32 bei der FF Feldkirchen und der WF Isar-Amper-Klinikum IAK Haar

GMB 26 | FF Feldkirchen | MD FM 232 D 19 F | Simon | 1975 | 1998 von FF Fulda | 2007 außer Dienst

TGM 32 | WF Bezirkskrankenhaus BKH Haar | DB 2222 6x4 | Wumag | 1989 | 2019 außer Dienst

TGM 32 | FF Feldkirchen | MAN 18.180 4x2 BL | Bronto, Rusterholz | 2007

TGM 27 | FF Neubiberg | DB Atego 1329 AF | Wumag | 2008

TGM 32 | WF Isar-Amper-Klinikum IAK Haar | MAN TGM 15.290 4x2 BL | Palfinger | 2010 | 2019 von FF Rust (Lkr. Ortenaukreis)

Gerätewagen

Als der Kommandant der FF Grünwald zum Jahresanfang 1967 auf der Hauptversammlung von zunehmenden Alarmierungszahlen zur technischen Hilfeleistung sprach, benutzte er den damals üblichen Begriff der Katastropheneinsätze und empfahl die Anschaffung eines Katastrophenfahrzeugs. Gemeint war ein Gerätewagen zum Transport von Geräten wie Motorkettensäge, Trennschleifer, Greifzug, Stromerzeuger, Hydraulikwinde, Scheinwerfer mit Stativen, Handwerkszeug und Ölbindemittel. Ab Mitte der 1970er Jahre kamen Hebekissen und die hydraulischen Rettungsgeräte wie Spreizer und Schere hinzu. Das Fahrzeug, ein Ford Transit 1300 mit Ausbau der Firma Ziegler, traf noch vor Jahresende 1967 in Grünwald ein. Auch andere Wehren hatten sich bereits in den 1960er Jahren Gedanken zum weitgehend neuen Aufgabengebiet der technischen Hilfeleistung gemacht und Anhänger umgebaut oder die Beladung ihrer Fahrzeuge angepasst.

Ein Normblatt für Gerätewagen und damit eine klare Abgrenzung zum Rüstwagen gab es ab 1974. Unter einem Gerätewagen verstand man einen Kastenwagen ohne Allradantrieb mit Einbauten zur Lagerung der Geräte für die technische Hilfeleistung. Die Ausstat-

GW | FF Baierbrunn | Ford Transit 1300 | Ziegler | 1967 | 1978 von FF Grünwald (Lkr.München) | 1992 außer Dienst (sem)

GW | WF Bezirkskrankenhaus BKH Haar | DB 306 D | Ruthmann, Eigenausbau | 1977 | 1984 von Werksfuhrpark BKH | 1991 außer Dienst

GW | FF Hohenbrunn | DB 308 | Eigenumbau | 1977 | 1986 Umbau zu MZF

GW | FF Neuried | DB LF 409 | Bachert | 1978 | 2006 außer Dienst

tung mit fest eingebauten Aggregaten wie Generator, Winde oder Lichtmast blieb einem Rüstwagen vorbehalten. Die Norm gab es bis 1990. Dann hatte sich ihr Bedarf einerseits durch die zunehmende Verbreitung von Rüstwagen und andererseits durch die Ausstattung der Löschfahrzeuge mit Geräten zur technischen Hilfeleistung weitgehend erledigt.

Im Landkreis München beschafften zum Ende der 1970er Jahre und zu Beginn der 1980er Jahre einige Wehren Gerätewagen, um ihre Erstausstattung mit hydraulischen Rettungsgeräten zu transportieren. Die Aufbauhersteller boten normgerecht einen Kastenwagen mit maximal sechs Tonnen zulässigem Gesamtgewicht und Truppbesatzung an. Die FF Neuried, Heimstetten, Aschheim und Höhenkirchen gliederten zwischen 1978 und 1981 solche Fahrzeuge in ihren Fuhrpark ein. Einige Feuerwehren bauten dafür Fahrzeuge nach eigenen Bedürfnissen aus. Die WF Bezirkskrankenhaus BKH Haar übernahm 1984 aus dem Klinikfuhrpark einen Niederflurhubwagen, der zuvor zum Wäschetransport diente. Seine Ladefläche ließ sich zur leichten Entnahme der Rollwagen bis zum Boden absenken oder in die Höhe einer Laderampe anheben. Deshalb steckten Motor und angetriebene Vorderachse im Triebkopf, einem 1977 von Ruthmann umgebauten DB 306 D. 1991 stellte die Werkfeuerwehr BKH, die seit 2007 unter dem Namen Isar-Amper-Klinikum firmiert, den Nachfolger in Dienst. Hinter diesem GW steckt eine besondere Geschichte. Denn der Gerätekoffer stammte vom Prototypen des RW 1, mit dem sich die Firmen MAN und Lentner 1985 erfolgreich an der Ausschreibung des Bundesinnenministeriums für den Katastrophenschutz beteiligt hatten. Das nicht mehr benötigte Vorführfahr-

GW | FF Aschheim | DB LF 508 D | Ziegler | 1980 | 1995 an FF Liegau-Augustusbad (Lkr. Bautzen)

GW | FF Höhenkirchen | DB LF 508 D | Bachert | 1981 | 2011 außer Dienst

GW | FF Neubiberg | VW T3 | Eigenausbau | 1984 | 2002 von BtF Siemens Unterschleißheim (Lkr. München) | 2005 außer Dienst

zeug hatte 1989 die Gemeinde Straßlach-Dingharting erworben als Basis für ihr TLF 8/18. Den somit überflüssig gewordenen Aufbau kaufte der Bezirk Oberbayern als Träger des Bezirkskrankenhauses und ließ ihn wiederum bei Lentner auf ein neues VW-MAN-Fahrgestell aufsetzen.

Als die Firma Infineon im Jahr 2005 in den neu errichteten Forschungspark Campeon Unterbiberg einzog, nahm sie vom bisherigen Standort München Balanstraße den einst von der BtF Siemens München bei Rosenbauer beschafften GW-Atemschutz/Strahlenschutz mit. Bei Infineon hatte man die Beladung angepasst und eine Hochdrucklöschanlage mit 300 Liter Wasser eingebaut. Im Typschild des GW der FF Unterhaching stand GW-Z, denn das war die Bezeichnung für einen Fahrzeugtyp, den es in dieser Bauform auf Basis einer technischen Weisung nur in Niedersachsen gab: Gerätewagen mit Zusatzbeladung. Gemeint war damit in dem nördlichen Bundesland die Ausrüstung mit hydraulischen Rettungsgeräten. In Unterhaching ging es vielmehr um die Unterbringung der Ölwehrausrüstung des früheren GW-Öl und vieler Geräte für die Einsätze zur technischen Hilfeleistung. Die FF Putzbrunn beschaffte 2002 einen GW bei der Firma Thoma. Diese war auf die Aufbereitung und den Aufbau von gebrauchten Einsatzfahrzeug spezialisiert. Als 2015 die Ausmusterung des in die Jahre gekommenen Fahrgestells anstand, behielt man den Aufbau und ließ ihn auf ein neues MAN-Fahrgestell aus der Baureihe TGL umsetzen. Diese Arbeiten führte die Werkstatt der BayWa Sauerlach aus und ergänzte dabei die Staukästen zwischen Doppelkabine und Gerätekoffer.

Fahrzeugbestand im Landkreis München zum 1. Januar 2023

3 GW bei der FF Putzbrunn, der BtF Infineon Neubiberg und der WF Isar-Amper-Klinikum IAK Haar

GW KLF 300 | BtF Infineon Neubiberg | DB 609 D | Rosenbauer, Eigenausbau | 300 W | 1989 | 2005 von BtF Infineon München

GW | WF Isar-Amper-Klinikum IAK Haar | VW-MAN 8.150 F | Lentner | 1991

GW | FF Unterhaching | DB 711 D | Ziegler | 1993 | 2012 außer Dienst

GW | FF Aying | Fiat Ducato 14 2,5D | Hutterer | 1995 | 2009 außer Dienst

GW | FF Putzbrunn | DB 609 D | Thoma | Umbau 2002 | 2015 außer Dienst

GW | FF Putzbrunn | MAN TGL 8.180 4x2 BL | BayWa Sauerlach | 2015

Kleinalarmfahrzeuge KLAF

Beseitigen von Wasserschäden, Einfangen schwärmender Bienen, Öffnen verschlossener Türen, Abstreuen und Kehren von Ölspuren, Verschalen eingeschlagener Fensterscheiben, Zersägen umgestürzter Bäume – die Vielfalt kleiner technischer Hilfeleistungen lässt sich kaum erschöpfend erfassen. Ein kompakter Kleintransporter übernimmt den Transport der dafür benötigten Ausrüstung. Je nach Aufgabe und Umfang reicht seine Besatzung von zwei bis sechs Einsatzkräften aus, um den Einsatzauftrag abzuarbeiten. Als Bezeichnung hat sich dafür in Bayern Kleinalarmfahrzeug KLAF eingebürgert, in manchen Gegenden Deutschlands spricht man auch vom Kleineinsatzfahrzeug KEF. Für Einsätze dieser Art ist ein Löschgruppenfahrzeug in den meisten Fällen nicht passend ausgerüstet und zudem zu groß. Des Weiteren bleiben dann bei solchen Alarmmeldungen die Großfahrzeuge wie Löschfahrzeuge oder Rüstwagen weiterhin für andere Einsätze verfügbar.

Die verschiedenen Transporter-Baureihen von Mercedes-Benz sieht man als Kastenwagen oder Kleinbusse in dieser Aufgabe sehr häufig. Oftmals erfolgte der Ausbau der Fahrzeuge bei der Feuerwehr selber. Die WF MBB-IABG Ottobrunn, die später unter der Bezeichnung WF EADS-IABG firmierte, wählte hierfür zweimal einen Kastenwagen von Fiat aus der Ducato-Baureihe. Die BtF Infineon Neubiberg beschaffte 2018 ein KLAF auf Iveco Daily. Von der Bauform ähnelt es einem TSF-W oder MLF in der von Rosenbauer angebotenen Ausführung der Compact Line-Bauweise CL. Jedoch bietet sein Heck anstelle von Pumpe und Wassertank Platz für einen der Rollwagen, die je nach Einsatzauftrag über Rampen hingeschoben werden.

Fahrzeugbestand im Landkreis München zum 1. Januar 2023

10 KLAF bei den FF Feldkirchen, Gräfelfing, Haar, Neubiberg, Oberhaching, Taufkirchen und Unterschleißheim, bei der WF Helmholtz-Zentrum Neuherberg sowie den BtF Airbus Ottobrunn und Infineon Neubiberg

KLAF | FF Ottobrunn | DB 208 | Eigenausrüstung | 1978 | 1987 Umbau aus MZF | 1993 außer Dienst

KLAF | FF Höhenkirchen | DB 206 D | Eigenausrüstung | 1981 außer Dienst

KLAF | FF Gräfelfing | DB 207 D | Felsl | 1979 | 1998 außer Dienst

KLAF | FF Aying | DB 207 D | Hutterer | 1984 | 1986 Umbau | 1995 außer Dienst

KLAF | FF Taufkirchen | DB 309 D | Eigenausrüstung | 1985 | 2001 außer Dienst

KLAF | WF MBB-IABG Ottobrunn | Fiat Ducato 13 | Eigenausrüstung | 1986 | 1997 außer Dienst

KLAF | FF Ottobrunn | DB 310 D | Geidobler | 1993 | 2020 Umbau zu Transporter

KLAF | WF EADS-IABG Ottobrunn | Fiat Ducato 2.5D | Eigenausrüstung | 1997 | 2011 außer Dienst

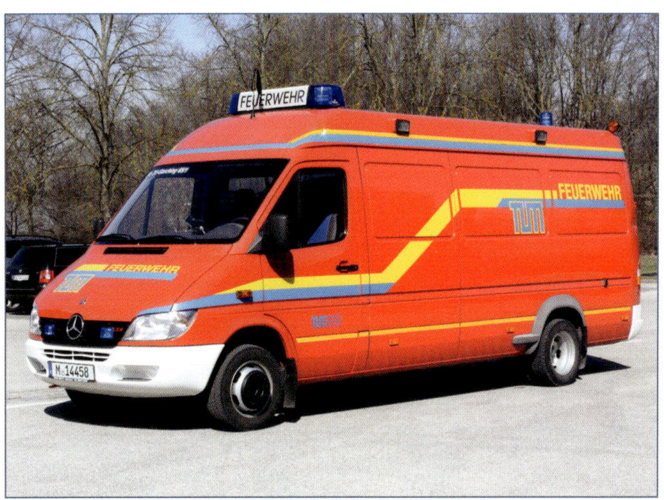

KLAF | WF TUM Garching | DB Sprinter 416 CDI | Team Oettl | 2001 | 2021 außer Dienst (tdo)

KLAF | FF Haar | DB Sprinter 313 CDI | Furtner & Ammer | 2002

KLAF | FF Oberhaching | DB Vario 816 D 4x4 | Ziegler | 2007

KLAF | FF Neubiberg | DB Sprinter 315 CDI | Lentner | 2008

KLAF | BtF Airbus Ottobrunn | DB Sprinter 313 CDI | Geidobler | 2011 | 2020 von WF IABG Ottobrunn

KLAF | FF Unterschleißheim | DB Sprinter 519 CDI 4x4 | Hensel | 2011

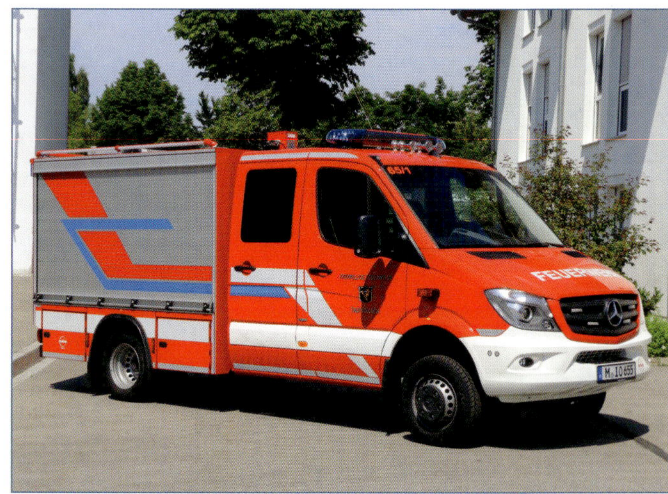

KLAF | FF Taufkirchen | DB Sprinter 519 CDI 4x4 | Walser | 2017

KLAF | BtF Infineon Neubiberg | Iveco Daily 72-180 | Rosenbauer | 2018

KLAF | WF Helmholtz-Zentrum Neuherberg | DB Vito 116 CDI 4x4 mixto | Schäfer | 2020

Vorausrüstwagen VRW

Die Notwendigkeit nach schneller technischer Rettung bei schweren Verkehrsunfällen auf Autobahnen und Landstraßen veranlasste Mitte der 1970er Jahren die Björn-Steiger-Stiftung und den Motorjournalisten Eberhard Hemminger, den schnellen und kompakten Vorausrüstwagen zu entwickeln. Die Stiftung setzte sich mit verschiedenen Maßnahmen für die Verbesserung des Rettungswesens in Deutschland ein. Hemminger hatte die Idee, einen leistungsstark motorisierten und kompakten Geländewagen zu nehmen, der schneller als ein großer Rüstwagen durch den Verkehr und Rückstau vor der Unfallstelle käme. Insbesondere in Baden-Württemberg setzte sich diese Fahrzeuggattung schnell durch und gehörte zum Fuhrpark vieler größerer Wehren während es in Bayern bei einigen wenigen Fahrzeugen blieb. Eines davon stand ab 1985 bei der FF Taufkirchen. Beliebt war dafür das G-Modell von Mercedes-Benz mit einer dreiköpfigen Besatzung. Die Energie für den hydraulischen Rettungssatz, das Beleuchtungsmaterial und den auf dem Dach montierten Lichtmast lieferte ein eingebauter Stromerzeuger.

VRW | FF Taufkirchen | DB 280 GE | Barth | 1985 | ca. 2005 Umbau zu Kdow | 2010 außer Dienst

GW-A | Landkreis München Standort Haar | DB 613 D | Hutterer | 1983 | 1995 an Landkreis Dresden, dann FTZ Kamenz

Gerätewagen-Atemschutz GW-A

Ab Anfang der 1980er Jahre hielt der Landkreis München für Großeinsätze eine Reserve an Pressluftatmern und Atemluftflaschen vor. Für ihren Transport beschaffte er einen GW-A und stationierte ihn im Katastrophenschutzzentrum Haar. Einsatzkräfte der FF Haar brachten ihn zu den Einsatzstellen und kümmerten sich vor Ort um die Logistik. Weil mit der Zeit der Gerätebestand bei den Landkreisfeuerwehren

GW-AS | WF TUM Garching | MD 90 M 7 FL | Weinmann | 1986 | 2002 außer Dienst

GW-Öl | FF Unterhaching | Opel Blitz 2,4 t | Voll, Ziegler | 1971 | 1991 Umbau zu KLAF | 1993 außer Dienst

Kehrmaschine | FF Unterhaching | Rolba K 1500 | 1987 | ca. 2005 Eigenumbau | außer Dienst

GW-G | WF Helmholtz-Zentrum Neuherberg | DB 814 | Schmitz | 1998

durch Neubeschaffungen von Löschfahrzeugen angestiegen und der Bedarf zur Unterstützung abgenommen hatte, übergab der Landkreis München 1995 den GW-A an den damaligen Partnerlandkreis Dresden. Nach dessen Auflösung stand das Fahrzeug an der Feuerwehrtechnischen Zentrale in Kamenz (damals Landkreis Kamenz, ab 2008 Landkreis Bautzen).

Zur Erstausrüstung der WF TUM Garching, die 1979 ihren Dienstbetrieb aufnahm, gehörte ab 1986 ein Gerätewagen-Atemschutz/Strahlenschutz auf Magirus-Deutz 90 M 7 FL. Von der in Kirchheim bei München ansässigen Firma Weinmann kam der Kofferaufbau, dessen Inneneinrichtung die Mitarbeiter der Werkfeuerwehr selber aus Holz herstellten. Sie glich einer kompletten Atemschutzwerkstatt und bot Stauraum für die Strahlenschutzausrüstung, Gasspürgeräte, sechs Travox-Langzeitatmer und 12 Atemschutzgeräte.

Gerätewagen-Öl GW-Öl

In den 1960er Jahren gewann neben der Brandbekämpfung und der technischen Hilfeleistung die Bekämpfung von Mineralölunfällen immer größere Bedeutung. Die Aussage, dass ein Liter Mineralöl eine Million Liter Grundwasser verseucht, war die Motivation, Maßnahmen zu ergreifen. Der Freistaat Bayern stationierte Ölschadensanhänger bei einigen Wehren, später erhielten viele RW 2 die Zusatzbeladung Ölschaden. Spezielle Einsatzfahrzeuge beschafften nur wenige Wehren in Bayern, eine davon war die FF Unterhaching. Wie bei fast allen Einsatzfahrzeugen auf Opel Blitz vom Typ 2,4-Tonner stammte der Kastenaufbau von der Karosseriebaufirma Voll in Würzburg. Ziegler nahm die Montage der Beladung vor und lieferte ihn 1971 aus.

Einige Wehren im Landkreis München beschafften Kehrmaschinen für die Pflege der Betriebsflächen an ihren Gerätehäusern. Manche stammten vom örtlichen Bauhof. In einigen Fällen erweiterten die Wehren deren Aufgabenbereich auf das Abkehren von Öl- und Treibstoffspuren auf Straßen und rüsteten sie für diese Aufgabe aus. Dazu gehörten eine Lackierung in rot, die Montage eines Blaulichts und die Ausstattung mit einem Handfunksprechgerät.

Gerätewagen-Gefahrgut GW-G

„Deine Feuerwehr auch im Umweltschutz" lautete der Slogan zur Brandschutzwoche 1987. Plakativ informierten die Feuerwehren damit die Bevölkerung über eine Aufgabe, die seit den 1960er Jahren immer mehr an Bedeutung gewann und sich nach der Ölwehr schnell auf die Bekämpfung der Gefahren bei der Freisetzung von Chemikalien in festem, flüssigem oder gasförmigem Aggregatszustand ausweitete. Anfangs trugen diese Fahrzeuge die Bezeichnung „Gerätewagen-Umweltschutz". Im Landkreis München spezialisierte sich der ABC-Zug auf diese Aufgabe. Ende der 1980er Jahre formulierte der Freistaat Bayern eine Baurichtlinie für den Gerätewagen-Gefahrgut GW-G und arbeitete ein Stationierungskonzept aus. Zum Einsatzgebiet der beiden bei der BF München stationierten GW-G gehörte auch der Landkreis München. Das erklärt, warum sich im Fahrzeugbestand der kommunalen Feuerwehren im Landkreis kein GW-G befindet. Viele Wehren haben sich in Reaktion auf das örtliche Gefahrenpotential mit Ausrüstung und Schutzkleidung für den Ersteinsatz ausgestattet. Dieses wird auf den Lösch- oder Logistikfahrzeugen sowie in Abrollbehältern mitgeführt.

GW-G | BtF MHM Heimstetten | MAN 8.163 LC | Eigenausrüstung | 1998 | 2003 Umbau | 2020 außer Dienst

GW-Strahlenmeß | BtF GSF Neuherberg | DB L 409 | Eigenausrüstung | 1975 | 1995 außer Dienst

GW-Hochwasser | FF Grasbrunn | MAN TGM 13.290 4x4 BL | Freytag | 2016

Zwei Betriebs- beziehungsweise Werkfeuerwehren beschafften für ihre spezifischen Anforderungen GW-G. Die damalige BtF GSF Neuherberg (später Helmholtz-Zentrum Neuherberg) stellte 1998 ein Fahrzeug auf DB 814 in Dienst. Aufbau und Ausstattung lieferte Schmitz aus Wilnsdorf bei Siegen, eine Firma, die sich besonders auf diese Einsatzaufgabe spezialisiert hatte. Angepasst an das Einsatzgebiet im Forschungszentrum ist dieser GW-G auch mit einer Vielzahl an Geräten für Strahleneinsätze beladen. Die BtF MHM Michael Huber München baute für ihr Druckfarbenwerk in Heimstetten einen gebraucht gekauften Lastwagen um.

Strahlenmesswagen

1980 fusionierte die Strahlenschutzgruppe an der GSF Gesellschaft für Strahlenschutz in Neuherberg mit der zehn Jahre zuvor gegründeten Betriebsfeuerwehr des Forschungszentrums. Dadurch erweiterte sich der Fuhrpark der Feuerwehr um zwei Strahlenmesswagen, einem Ford Transit und einem DB L 409.

Gerätewagen-Hochwasser

Am 10. Dezember 2016 erhielt der Landkreis München den Prototypen des Modularen Gerätesatzes Hochwasser. Trägerfahrzeug ist ein MAN TGM 13.290 4x4 BL mit Aufbau der Firma Freytag Karosseriebau. Die FF Grasbrunn erprobte das erste Fahrzeug als Basis für die Beschaffung der weiteren Gerätesätze. Anlass war das Sonderinvestitionsprogramm „Hochwasser" des Freistaats Bayern, das 34 GW-Hochwasser und sieben Abrollbehälter-Hochwasser vorsah. Alle erhielten als Beladung den Gerätesatz, der elf Rollwagen umfasst:

GW-Tauchen/Atemschutz | FF Unterschleißheim | DB 711 D | Krümpelmann | 1990 | 2014 an Feuerwehr Mecseknádasd (Ungarn)

GW-Wasserrettung/Licht | FF Unterschleißheim | DB Atego 1629 AF | Empl | 2014

6 Rollwagen Pumpen
(2 Schmutzwasserpumpen B-1500, 90 Meter B-Schlauch, Wathose, LED-Scheinwerfer)
3 Rollwagen Energie
(Stromerzeuger 13 kVA, 2 Schmutzwasserpumpen B-1250, 40 Meter B-Schlauch, Wathose, LED-Scheinwerfer)
1 Rollwagen Zubehör
(Schwimmwesten, Verkehrsabsicherungsmaterial, Besen, Schaufel, Notfallrucksack)
1 Rollwagen Transport
(Gitterbox zum Transport verschmutzter Gerätschaften)

Gerätewagen-Wasserrettung GW-W

Durch den Norden des Landkreises München fließt nicht nur die Isar. Viele im Zuge der Kiesgewinnung entstandene Baggerseen laden zu Erholung, Baden und Wassersport ein. Als in der Gemeinde Unterschleißheim ein neuer Badesee angelegt wurde, fanden sich im Jahr 1983 interessierte Feuerwehrmänner zusammen, um die Ausbildung zum Feuerwehrtaucher zu absolvieren. Nicht nur im Sommer bei Badeunfällen kommen sie zum Einsatz. Ein zweiter saisonaler Schwerpunkt liegt im Winter, wenn Spaziergänger auf den Eisflächen der Seen einbrechen. Weitere Aufgaben sind die Suche und Bergung von Gegenständen aus den Gewässern. 1990 beschaffte die Wehr einen DB 711 D Kastenwagen mit speziellem Ausbau durch die Firma Krümpelmann zum Transport der umfangreichen Gerätschaft und der Taucher. Zugleich transportierte der Gerätewagen mehrere Atemschutzgeräte für die Brandbekämpfung. 2014 kam die Ablösung in Form des GW-Wasserrettung/Licht, ein DB Atego 1629 AF mit Aufbau von Empl. Zur Beladung gehören sieben Tauchgeräte, sechs Sätze Flußretterausrüstung und vier Überlebensanzüge. Ein Tauchtrupp rüstet sich auf der Anfahrt aus, ein zweiter Trupp wird mit dem MTW an die Einsatzstelle gebracht. Über die Ladebordwand lässt sich das Schnelleinsatzboot entnehmen. Eine weitere Einsatzaufgabe liegt beim Ausleuchten von Einsatzstellen. Dafür baute Empl einen 30 kVA starken Stromerzeuger und einen auf acht Meter ausfahrbaren Lichtmast ein. Dieser ist bestückt mit vier Natriumdampflampen und zwei Halogenstrahlern.

Gerätewagen-Licht GW-Licht

Als die FF Unterschleißheim im Jahr 2010 einen neuen Lkw beschaffte, stand das 20 Jahre alte Vorgängerfahrzeug für eine neue Aufgabe zur Verfügung. Die Firma DTS setzte einen drei Jahre alten 25 kVA leistenden Stromerzeuger von Polyma auf das Fahrgestell. Der Lichtmast des neuen GW-Licht ließ sich auf neun Meter ausfahren. Seine Lichtbrücke trug eine Kombination aus Halogenstrahlern und Natriumdampfleuchten. Das Fahrzeug stand nur vier Jahre lang im Einsatzdienst, seine Aufgabe übernahm 2014 der neue GW-Wasserrettung/Licht.

Gerätewagen-Rettungshunde GW-Rettungshunde

Bei der FF Aschheim gibt es seit 2008 eine Rettungshundestaffel. Einzigartig in Bayern ist wohl der 2015 beschaffte Gerätewagen zum Transport von sechs Such- und Rettungshunden. Deren Boxen befinden sich im mittleren Teil hinter der Schiebetüre. Zur Beladung gehören Behälter mit Trinkwasser, Schwimmwesten für Hunde und Hundeführer, Absturzsicherungsset, Stromerzeuger, Arbeitstisch, Sitzgelegenheiten, Material zur Absicherung von Einsatzstellen, Kühlbox und Kaffeemaschine. Eingebaut ist in dem bei Compoint ausgebautem DB Sprinter 316 CDI 4x4 eine elektrische 40 kN-Seilwinde.

Fahrzeugbestand im Landkreis München zum 1. Januar 2023

1 GW-G bei der WF Helmholtz-Zentrum Neuherberg
1 GW-Hochwasser bei der FF Grasbrunn
1 GW-Wasserrettung/Licht bei der FF Unterschleißheim
1 GW-Rettungshunde bei der FF Aschheim

GW-Licht | FF Unterschleißheim | DB 410 D | Polyma, DTS | 1990 | 2010 Umbau aus Lkw | 2014 außer Dienst

GW-Rettungshunde | FF Aschheim | DB Sprinter 316 CDI 4x4 | Compoint | 2015

Rüstwagen

Die Norm für Rüstwagen stellte mit den Merkmalen Allradantrieb und den eingebauten Aggregaten Seilwinde, Lichtmast sowie Stromgenerator eine klare Abgrenzung vom Gerätewagen dar. Gemäß Norm fand im serienmäßigen Fahrerhaus die Truppbesatzung aus drei Einsatzkräften Platz. Von der Tonnage und der Fahrzeuggröße unterschied die 1974 eingeführte Norm drei Typen: den RW 1 mit einem zulässigen Gesamtgewicht von 7,5 Tonnen, den RW 2 mit 12 Tonnen und den RW 3 mit 16 Tonnen. In Bayern blieben RW 1 recht selten, im Landkreis München gab und gibt es nur ein Fahrzeug. Standard bei bayerischen Wehren waren die RW 2, während die großen RW 3 als Neufahrzeuge in Bayern nur vereinzelt von Berufsfeuerwehren wie München, Nürnberg und Regensburg beschafft wurden. Mit Überarbeitung der Norm im Jahr 2002 blieb nur ein Typ mit der Bezeichnung Rüstwagen RW übrig. Er ist Nachfolger des RW 2.

Rüstwagen RW 1

Die Vorgaben aus der Norm für diesen Typ lauteten: zulässiges Gesamtgewicht anfangs 7,5 Tonnen später 9 Tonnen, 12 kVA Leistung des eingebauten Generators und 50 kN Zugkraft der Winde. Seit 1986 verfügt die FF Hohenbrunn über den einzigen RW 1 im Landkreis München, ein geländegängiger DB Unimog U 1300 L mit Aufbau von Metz.

Fahrzeugbestand im Landkreis München zum 1. Januar 2023

1 RW 1 bei der FF Hohenbrunn

RW 1 | FF Hohenbrunn | DB Unimog U 1300 L | Metz | 1986

Rüstwagen RW 2

Die Merkmale des RW 2 lauteten in der Ausführung der Norm von 1974: zulässiges Gesamtgewicht 12 Tonnen, 20 kVA Leistung des eingebauten Generators und 50 kN Zugkraft der Winde. Je nach örtlichem Bedarf kam als Zusatzbeladung der Gerätesatz Ölschaden oder der Gerätesatz Wasserrettung hinzu.

Während die letzten Details zur Norm DIN 14555 Teil 3 für RW 2 und deren Beladung noch zu klären waren, beschafften bereits 1973 die FF Gräfelfing und Ottobrunn RW 2 bei Magirus. Die damals angebotene Ausführung des MD FM 170 D 11 FA mit kurzem Radstand von 3.200 Millimeter diente als Fahrgestell. Mit einer ein Jahr später bei Magirus vorgenommenen Modellpflege, die an Details wie der Gestaltung des Kühlergrills erkennbar ist, kam ein um 55 Zentimeter längerer Radstand sowie wahlweise eine stärkere Motorisierung von 192 PS auf den Markt. Für diese Ausführung mit dem nun größeren Gerätekoffer entschieden sich 1975 die FF Taufkirchen und ein Jahr später die FF Pullach im Isartal. Einen solchen RW 2 von 1975 übernahm die FF Neubiberg 1991, als ihn die FF Neu-Ulm ausmusterte.

Es waren insbesondere jene Wehren, in deren Einsatzgebiet Autobahnen oder Bundesstraßen liegen, die bis zum Beginn der 1980er Jahre einen RW 2 beschafften. Das waren auf DB Kurzhauber mit Aufbau von Bachert 1978 die FF Haar und mit Aufbau Ziegler 1975 die FF Unterhaching und ein Jahr später die FF Grünwald. Für einen Frontlenker von Mercedes-Benz mit Ziegler-Aufbau entschieden sich 1977 die FF Garching und 1980 die FF Oberhaching und Planegg. In jene Zeit fiel die Ausstattung der Feuerwehren mit Rettungsspreizern. Die ersten vier Geräte stiftete 1975 die Kreissparkasse München. Wollte man damit schneiden, musste man die Spreizbacken durch einen Scherenaufsatz austauschen. Eigenständige Geräte als Rettungsscheren und Spreizzylinder folgten im Lauf der Jahre. Die FF Oberschleißheim blieb 1979 ihren bewährten Lieferanten MAN und Bachert treu, als die Beschaffung des RW 2 anstand. Die Jahresangabe 1986 am RW 2 der

RW 2 | FF Ottobrunn | MD FM 170 D 11 FA | Magirus | 1973 | 1990 Umbau zu SW

RW 2 | FF Taufkirchen | MD FM 170 D 11 FA | Magirus | 1975 | 2003 außer Dienst

RW 2 | FF Grünwald | DB LAF 1113 B | Ziegler | 1976 | 2004 an Feuerwehr Tres Arroyos (Argentinien)

RW 2 | FF Garching | DB 1017 AF | Ziegler | 1977 | 2006 an Feuerwehr Kornica (Polen)

RW 2 | FF Haar | DB LAF 1113 B | Bachert | 1978 | 2004 an Feuerwehr Sátoraljaújhely (Ungarn)

RW 2 | FF Oberschleißheim | MAN 11.168 HA-LF | Bachert | 1979 | 2000 außer Dienst (whe)

RW 2 | FF Feldkirchen | MAN 11.192 HA-LF | Ziegler | 1986

FF Feldkirchen bezieht sich auf die Fertigstellung des Aufbaus bei Ziegler. Denn bei dem Fahrgestell MAN 11.192 HA-LF soll es sich um den allerletzten gebauten MAN-Hauber für den deutschen Markt handeln, dessen Produktion 1984 auslief. Für Aufsehen in der Branche der Feuerwehrfahrzeuge sorgte die FF Aschheim, als sie 1995 für ihren RW 2 die Firma Rosenbauer wählte. Dieser Aufbauhersteller war als Anbieter von Sonderlöschfahrzeugen wohl bekannt, aber bislang kaum im Segment der Normfahrzeuge auf dem deutschen Markt aktiv geworden. Das hat sich mittlerweile deutlich geändert.

Da die Löschgruppenfahrzeuge zunehmend mit hydraulischem Rettungsgerät ausgerüstet wurden, veränderte sich die Aufgabenverteilung im Rüstzug. Dem Rüstwagen kam die Rolle der Unterstützung mit schwerem technischen Gerät zu. Die Überarbeitung der Norm führte 2002 zu einem einzigen Typ RW mit 14 Tonnen zulässigem Gesamtgewicht und einem stärkeren Stromerzeuger von mindestens 22 kVA. Neu war auch die Wahl der Aufbauform. Alternativ ist es möglich, Teile der Ausrüstung auf Rollwagen in einem Geräteraum im Heck unterzubringen, den eine Ladebordwand verschließt. Für diese Ausführung entschied sich die FF Aschheim bei ihrem 2020 beschafften RW.

19 Landkreisfeuerwehren hatten Rüstwagen RW 2 in ihrem Fuhrpark. Die meisten ersetzten diese wieder durch Rüstwagen. Einige Wehren wie Gräfelfing, Ottobrunn, Planegg, Sauerlach, Unterhaching und Unterschleißheim entschieden sich bei der Ersatzbeschaffung stattdessen für Hilfeleistungslöschfahrzeuge mit umfangreicher Ausstattung für die technische Hilfeleistung. Ottobrunn und Unterschleißheim ergänzten ihre Fuhrparks zusätzlich um Abrollbehälter mit Rüstmaterial.

Fahrzeugbestand im Landkreis München zum 1. Januar 2023

3 RW 2 bei den FF Feldkirchen, Neubiberg und Oberschleißheim
10 RW bei den FF Aschheim, Garching, Grünwald, Haar, Ismaning, Neuried, Oberhaching, Pullach im Isartal, Taufkirchen und Unterföhring
1 FlKfz-Geräterüst bei der Bundeswehrfeuerwehr Uni BW Neubiberg

RW 2 | FF Ottobrunn | Iveco 120-23 AW | Magirus | 1990 | 2009 Umbau zu Lkw

RW 2 | FF Ismaning | DB 1222 AF | Ziegler | 1991 | 2017 außer Dienst

RW 2 | FF Aschheim | DB 1224 AF | Rosenbauer | 1995 | 2020 außer Dienst

RW 2 | FF Sauerlach | Iveco 135 E 23 4x4 | Magirus | 1995 | 2015 außer Dienst

RW 2 | FF Neubiberg | MAN 14.254 MA-LF | Ziegler | 2000

RW 2 | FF Oberschleißheim | Iveco 135 E 24 4x4 | Magirus | 2000

RW | FF Taufkirchen | Iveco 140 E 28 4x4 | Magirus | 2003

RW | FF Pullach im Isartal | Iveco 140 E 28 4x4 | Magirus | 2004

RW | FF Haar | DB Atego 1528 AF | Rosenbauer | 2004

RW | FF Unterföhring | DB Atego 1628 AF | Ziegler | 2004

RW | FF Oberhaching | DB Atego 1629 AF | Magirus | 2010

RW | FF Ismaning | DB Atego 1629 AF | Empl | 2017

RW | FF Aschheim | MAN TGM 13.290 4x4 BL FW | Lentner | 2020

Schlauchwagen

Nicht bei jeder Wehr, die im Landkreis München einen Schlauchwagen im Fuhrpark führte, gab die Leistungsfähigkeit der Wasserversorgung in dünn besiedelter ländlicher Gegend den Ausschlag zur Anschaffung. Vielmehr liegen im Schutzbereich der meisten Wehren großflächige Gewerbegebiete. Beim Großbrand einer Lagerhalle oder einer Fertigungsanlage sind große Löschwassermengen bereitzustellen und über weite Strecken heranzuführen. So führte die Ausweisung eines neuen Gewerbegebiets in Ottobrunn dazu, dass die Wehr 1991 nicht nur ein gebrauchtes ZB 6/24 bei der BF München erwarb, sondern auch die Gerätewarte mit Unterstützung einiger Einsatzkräfte den soeben ausgemusterten RW 2 zu einem SW umbauten. Platz fanden 1.400 Meter B-Schlauch in Buchten gelegt im Heck und seitlich eingeschoben eine Tragkraftspritze. In Doppelfunktion diente der SW auch als GW-Öl, um bislang im Gerätehaus gelagerte Ausrüstung für Mineralöl- und Gefahrgutunfälle nun ohne Zeitverzug durch Verladen an der Einsatzstelle verfügbar zu haben.

Auch andernorts entstanden SW durch Umbauten: Der heutige Oldtimer der FF Hochbrück war 1957 bei Borgward in Bremen gebaut worden und diente bei der Bundeswehr als geländegängiger Funk- und Kommandowagen. Als ihn die FF Hochbrück 1965 erwerben konnte und in Eigenleistung sowie unter Mithilfe der ortsansässigen Firma Voith zum TSF umbaute, ersetzte man das serienmäßige Segeltuchverdeck über der Fahrerkabine durch ein selber konstruiertes Blechdach. Bis 1987 lief das TSF im Einsatzdienst. Nach mehreren Großbränden von Lagerhallen und Gewerbebetrieben in Hochbrück entstand 1993 die Idee, das ausgemusterte Fahrzeug zu reaktivieren und zum SW umzubauen. Im Jahr 2003 ersetzte man ihn durch einen neuen SW 2000. Vom Oldtimertreffen am Kreisjugendfeuerwehrtag 2008 in Ottobrunn fuhr der Hochbrücker Borgward mit dem Sonderpreis „Das schönste Fahrzeug" nach Hause. 145 Jugendfeuerwehrmitglieder hatten unter den 67 teilnehmenden Fahrzeugen die Wahl. Er bekam die meisten Stimmen.

SW 1000 | FF Hochbrück | Borgward B 2000 A/O | Eigenausrüstung | 1957 | 1993 Umbau aus TSF | 2003 außer Dienst | als Oldtimer erhalten geblieben bei der Wehr

SW 1000 | FF Feldkirchen | Ford Transit 1300 | Eigenausrüstung | 1967 | 1890 Umbau aus GW | 1995 außer Dienst

SW 1400 | FF Ottobrunn | MD FM 170 D 11 FA | Eigenausrüstung | 1973 | 1991 Umbau aus RW 2 | 2001 außer Dienst

SW 2000 | FF Feldkirchen | MAN 8.163 LAEC | Lentner | 1995

SW 2000 | FF Pullach im Isartal | Iveco 135 E 24 4x4 | Magirus | 2001| 2020 an FF Hohenwarth (Lkr. Cham)

1967 hatte die FF Feldkirchen ein TSF auf Ford Transit 1300 mit Ziegler-Ausbau beschafft. Nach der Indienststellung eines TLF 16 baute man es zu einem GW um. 1989 entstand daraus nun in Eigenleistung der SW 1000.

Einen nach 18 Dienstjahren vom gemeindlichen Bauhof ausgemusterten Unimog U 416 baute sich 1988 die FF Unterschleißheim für mehrere Aufgaben um. Mit Frontbesen konnte er Ölbindemittel auf Verkehrswegen zusammenkehren, mit dem Schneepflug im Winter die Betriebsflächen am Gerätehaus räumen. Als Vorläufer der WLF mit Abrollbehälter realisierte sich die Wehr ein Wechselsystem für Absetzcontainer auf einem Anhänger. Zudem diente der Unimog als Zugfahrzeug für einen Lichtmastanhänger und ein Notstromaggregat. Zum Transport von 2000 Meter B-Schlauch in Buchten konstruierte die Wehr 1990 einen auf die Ladefläche passenden Gerätekoffer. Als dieser Unimog Ende 1995 wegen Motorschaden außer Dienst ging, konnte die FF Unterschleißheim bei der Nachbargemeinde Haimhausen im Landkreis Dachau ein Ersatzfahrzeug erwerben. Nur zwei Wochen benötigten die Gerätewarte und einige Einsatzkräfte, um den Unimog U 1200 vom Kommunal- zum Feuerwehrfahrzeug umzubauen. Er wurde komplett zerlegt, Fahrgestell und Kabine sandgestrahlt und lackiert sowie Funkgerät und Sondersignalanlage montiert. Der Koffer mit Schlauchbeladung passte auch auf diesen Unimog.

Neufahrzeuge hingegen waren die drei SW 2000 der FF Feldkirchen, Hochbrück und Pullach im Isartal. Abnehmende Nachfrage und andere Transportkonzepte, wie ein Wechselaufbau Schlauch oder die Beladung des GW-L 2 mit einem Wasserfördermodul, führten 2005 zum Erlöschen der

1966 veröffentlichten Norm für Schlauchwagen. Sowohl in Ottobrunn als auch in Unterschleißheim ersetzten Abrollbehälter die Schlauchwagen. Einige Wehren, wie Aschheim oder Helfendorf, bauten sich Anhänger für diese Aufgabe. Der Bund beschaffte für den Luftschutzhilfsdienst und später für den erweiterten Katastrophenschutz mehrere Serien Schlauchkraftwagen SKW – wie sie anfangs hießen – und SW-KatS, die für die Löschzüge Löschen und Wasserversorgung vorgesehen waren. Keine Feuerwehr im Landkreis München kam bislang in den Genuss der Zuteilung eines dieser Fahrzeuge.

Fahrzeugbestand im Landkreis München zum 1. Januar 2023

2 SW 2000 bei den FF Feldkirchen und Hochbrück

SW 2000 | FF Hochbrück | DB Atego 918 AF | Ziegler | 2003

SW | FF Unterschleißheim | DB Unimog U 416 | Eigenumbau | 1970 | 1988 von Bauhof Unterschleißheim | 1995 außer Dienst

SW | FF Unterschleißheim | DB Unimog U 1200 | Eigenumbau | 1988 | 1995 von Bauhof Haimhausen | 2010 außer Dienst

Die Spannbreite von Fahrzeugen zur Erledigung von Transportaufgaben reicht vom Pick-Up bis zum Lastwagen mit 18 Tonnen Gesamtgewicht. Das spiegelt sich auch in einer Vielzahl an Bezeichnungen wider. Für die Kleinfahrzeuge kommen je nach Festlegung der Funkrufkennzahl Lkw, Versorgungs-Pkw, MZF oder GW in Frage. Die FF Gräfelfing kaufte 1962 aus dem Bestand der US Army einen Dodge M-37. Dieser war das 1950 eingeführte Nachfolgemodell zum Dodge WC, wie er als behelfsmäßig umgebautes TSF in der Nachkriegszeit bei einigen Wehren im Landkreis München gelaufen war. In Gräfelfing diente er als Zugfahrzeug für einen Geräteanhänger und die Anhängeleiter. Er ersetzte einen Ende der 1940er Jahre gekauften Dodge WC-52, der in gleicher Funktion eingesetzt war.

Frühere Kommunalfahrzeuge, die man vom gemeindlichen Bauhof übernahm, führten die FF Ottobrunn und Höhenkirchen zeitweise im Fuhrpark. Sie dienten vor allem zur Pflege und zum Winterdienst auf den Flächen am Gerätehaus und – wo ein Kehrbesen vorhanden war – zur Beseitigung von Ölspuren oder Verschmutzungen auf Verkehrswegen. In Ottobrunn handelte es sich um das erste 1969 von Ladog für einen Kunden gebaute Exemplar. Bei der Umrüstung für die Feuerwehr erhielt es 1988 neben der roten Lackierung eine Sondersignalanlage und für die Halterung der Blinker die Eckstücke aus einer Kunststoffstoßstange eines VW Polo. Das „Bokimobil", das die FF Höhenkirchen einsetzt, stellte die Firma Kiefer aus Dorfen im Landkreis Erding her.

Für Pick-Ups hat die Südtiroler Firma Kofler Fahrzeugbau ein Schnellwechselsystem für Wechselmodule entwickelt. Die FF Taufkirchen transportiert so einen Hochleistungslüfter und setzt ihn vom Fahrzeug aus ein. Zum Bestand zählen noch die Module Vegetationsbrand und Unwetter.

Was jahrzehntelang als Lkw bezeichnet wurde, teilte sich zum Teil ab Mitte der 2000er Jahre auf in die GW-Logistik 1 und 2. Dabei bleiben die meisten GW-L 1 unter 7,5 Tonnen zulässigem Gesamtgewicht, damit sie von Führerscheininhabern der früheren Klasse 3 für Pkw noch gefahren werden können oder mit dem in Bayern eingeführten Feuerwehrführerschein. Der GW-L 2 gehört in der Massenklasse MIII von 14 bis 16 Tonnen. Neben dem Transport und Nachschub von Material zur Einsatzstelle liegt seine Aufgabe beim Verlegen von B-Druckschläuchen zur Wasserversorgung über eine lange Wegstrecke. Damit hat der GW-L 2 die Aufgabe vom SW 2000 übernommen. Während beim GW-L 1 zwischen Trupp- und Staffelkabine gewählt werden kann, ist beim GW-L 2 die Staffelbesatzung von der Norm vorgeschrieben. Bei beiden Fahrzeugtypen verschließt eine Ladebordwand am Heck den Laderaum.

Bayern führte 2015 die *Technische Baubeschreibung für den Versorgungs-Lastwagen V-Lkw* ein. Dieser muss über Allradantrieb verfügen, seine zulässige Gesamtmasse darf maximal 16 Tonnen betragen, die Besatzung ist wahlweise ein Trupp oder die Staffel, und die Ladefläche von mindestens 3,7 Meter Länge ist mit Plane und Spriegel sowie einer Ladebordwand mit mindestens 1,5 Tonnen Nutzlast auszustatten.

Lkw | FF Gräfelfing | Dodge M-37 | Hutterer | 1962 übernommen von US Army | 1970 außer Dienst (ube)

Lkw | FF Ottobrunn | Ladog K 122 ALL | Eigenumbau | 1969 | 1988 vom gemeindlichen Bauhof | 1991 außer Dienst

Lkw | FF Haar | DB Unimog U 421 | Eigenumbau | 1978 | 1984 in Dienst | 1.000 W

Lkw | FF Höhenkirchen | Kiefer Bokimobil HY 1300 | Eigenumbau | 1988 | 2002 vom gemeindlichen Bauhof

Lkw | FF Taufkirchen | Nissan Navara | 2009 | 2019 außer Dienst

Lkw | FF Ismaning | Nissan Navara | Team Oettl | 2010

Lkw | FF Taufkirchen | DB X 250 d | Kfz-Betrieb Schuh, Kofler | 2019

MZF | FF Putzbrunn | Ford Ranger 2.0 TDCi 4x4 Wildtrak | 2020

Lkw | FF Hohenbrunn | Ford Ranger 2.0 TDCi 4x4 | Häusler | 2021

GW | FF Unterhaching | DB Vito 110 CDI | Eigenausrüstung | 2012 | 2018 Umbau

Lkw | FF Unterhaching | Hanomag Henschel F20 | Eigenausrüstung | 1971 | 1992 außer Dienst

Lkw | FF Haar | DB L 408 | Eigenausrüstung | 1971 | 1979 vom Werksfuhrpark BKH | 1990 außer Dienst

Lkw | WF MBB-IABG Ottobrunn | VW Typ 2 | 1977 | 1987 außer Dienst

Die FF Aschheim, Haar, Heimstetten und Unterföhring statteten ihre Lkw zusätzlich mit einem Ladekran hinter dem Fahrerhaus aus. Das erleichtert beispielsweise das Einsetzen eines Bootes in fließende Gewässer wie Isar, Mittlerer Isarkanal, Abfanggraben sowie in Baggerseen oder in den Speichersee Ismaning. In manchen dieser Fahrzeuge sind Stromerzeuger eingebaut. Über einen Nebenabtrieb wird beim Lkw-Kran der FF Heimstetten ein Generator von 13 kVA Leistung angetrieben. Bei dem Lkw-Kran der FF Haar ist es eine Dynawatt-Anlage mit 4000 Watt. Beispielsweise beträgt die Leistung der Generatoren in den V-Lkw der FF Sauerlach und Hohenschäftlarn 8 kVA.

Fahrzeugbestand im Landkreis München zum 1. Januar 2023

8 Kleintransporter, Mehrzweckfahrzeuge bzw. Versorgungs-Fahrzeuge bei den FF Haar, Höhenkirchen, Hohenbrunn, Ismaning, Ottobrunn, Putzbrunn, Taufkirchen und Unterhaching
11 Lkw (bis 7,5 Tonnen) und **GW-L 1** bei den FF Baierbrunn, Brunnthal, Grünwald, Putzbrunn, Unterhaching und Unterschleißheim, bei den WF TUM Garching, Helmholtz-Zentrum Neuherberg, IBAG Ottobrunn sowie den BtF Merck Schuchardt Hohenbrunn und Airbus Ottobrunn
5 GW-L 2 bei den FF Aying, Hohenbrunn, Höhenkirchen und Kirchheim und bei der Bundeswehrfeuerwehr Uni BW Neubiberg
8 Lkw (über 7,5 Tonnen) und **V-Lkw** bei den FF Dornach, Gräfelfing, Hohenschäftlarn, Neubiberg, Neuried, Oberschleißheim, Pullach im Isartal und Sauerlach
4 Lkw-Kran bei den FF Aschheim, Haar, Heimstetten und Unterföhring

Lkw | FF Planegg | VW Typ 2 neu | 1980 | 1991 an FF Bärenstein (Lkr. Erzgebirgskreis)

Lkw | FF Oberschleißheim | DB 410 D | Weinmann | 1990 | 2002 an FF Unterschleißheim (Lkr. München)

Lkw | FF Unterhaching | DB 711 D | Geidobler | 1992

Lkw | BtF Merck Schuchardt Hohenbrunn | DB Sprinter 308 D | Eigenausrüstung | 1996 | 2002 in Dienst gestellt

Lkw | FF Neuried | DB Sprinter 412 D | Thoma | 1997 | 2001 in Dienst gestellt | 2017 an FF Hurlach (Lkr. Landsberg am Lech) (whe)

Lkw | FF Gräfelfing | DB Vario 814 D | Team Oettl | 1997 | 2018 an FF Baierbrunn (Lkr. München)

Lkw | FF Grünwald | MAN 8.163 LC | Geidobler | 2000

Lkw | FF Putzbrunn | DB Vario 818 D | H+E Feuerwehrfahrzeuge Karlsruhe | 2008

Lkw | FF Unterschleißheim | DB Sprinter 519 CDI 4x4 | Team Oettl | 2010

GW-L 1 | WF Helmholtz-Zentrum Neuherberg | Iveco Daily 65 C 17 | Furtner & Ammer | 2012

GW-L 1 | WF IABG Ottobrunn | DB Sprinter 313 CDI | Rotte | 2014 | Umbau 2020 aus Lieferwagen

GW-L 1 | FF Brunnthal | Iveco Daily 70-180 4x4 HiMatic | Walser | 2021

GW-L 1 | BtF Airbus Ottobrunn | Iveco Daily 72-180 HiMatic | Hensel | 2022

Lkw | FF Ottobrunn | Iveco 120-23 AW | Hutterer | 1990 | 2007 Umbau aus RW 2 | 2021 an Feuerwehr Agios Nikolaos (Griechenland)

Lkw | FF Oberschleißheim | MAN LE 250 B (14.255 LA-LF) | Geidobler | 2002

Lkw | FF Dornach | DB Atego 1225 AF | Weinmann, Team Oettl | 2007

GW-L 2 | FF Hohenbrunn | DB Atego 1629 AF | Meinicke | 2009

GW-L 2 | FF Aying | MAN TGM 18.280 4x4 BB | Lentner | 2009

GW-L 2 | FF Kirchheim | DB Atego 1629 AF | Lentner | 2011

Lkw | FF Neubiberg | DB Atego 1224 L | Junge | 2012 | 2015 von Lkw-Vermieter

GW-L 2 | FF Höhenkirchen | Scania P 360 4x4 | Lentner | 2014

V-Lkw | FF Neuried | DB Atego 1329 AF | Junghanns | 2017

V-Lkw | FF Gräfelfing | MAN TGM 13.290 4x4 BL | Glück | 2018

V-Lkw | FF Hohenschäftlarn | MAN TGM 13.290 4x4 BL | Junghanns | 2019

V-Lkw | FF Sauerlach | MAN TGM 18.290 4x4 BB | Empl | 2019

V-Lkw | FF Pullach im Isartal | DB Atego 1630 AF | Jännert | 2020

GW-L 1 | WF TUM Garching | MAN TGL 10.250 BL 4x2 | Hensel | 2021

Lkw-Kran | FF Aschheim | DB Atego 1628 AF | Weinmann, Team Oettl | 2005

Lkw-Kran | FF Heimstetten | DB Atego 1628 AF | Weinmann | 2006

Lkw-Kran | FF Unterföhring | DB Atego 1529 AF | Empl | 2010

Lkw-Kran | FF Haar | MAN TGM 18.340 4x2 BB | Weinmann, Furtner & Ammer | 2011

Wechselladerfahrzeuge

Die Wechsellader mit Abroll- und Absetzcontainern hatten sich in der Transportwirtschaft schon längst bewährt, als die ersten Berufs- und Werkfeuerwehren zu Beginn der 1970er Jahre diese Technik einführten. Ihre Absicht war, die große Zahl an selten benötigten Sonderfahrzeugen zu reduzieren und Transportkapazitäten aufzubauen. 1980 erschien das Normblatt für Wechselladerfahrzeuge mit Abrollbehältern. Die damals formulierte Intention war, diese Fahrzeuge für Nachschubzwecke, also den Transport zusätzlich benötigter Hilfsmittel wie Sandsäcke, Rüsthölzer, Ölbindemittel oder Auffangbehälter einzusetzen. Zulässig waren lediglich zweiachsige Fahrgestelle mit Straßenantrieb und einem Gesamtgewicht von maximal 16 Tonnen. In der Überarbeitung von 1993 wurde das zulässige Gesamtgewicht infolge einer Änderung der Straßenverkehrs-Zulassungsverordnung auf 18 Tonnen erhöht und den Straßenantrieb stufte man nun als ausreichend ein. Erst in der Fassung von 2004 kam der Dreiachser mit 26 Tonnen Gesamtgewicht in die DIN 14505 hinein. Diese Fahrzeuggattung entwikkelte sich stetig weiter, so dass nun Zwei-, Drei- oder Vierachser im Einsatz stehen. Zusätzlich statten die Wehren einige ihrer WLF mit Ladekran und Seilwinde aus.

In Bayern gehörten die Berufsfeuerwehren München ab 1972, Regensburg ab 1975 und Nürnberg ab 1977 zu den Pionieren in Sachen Wechsellader. Bis sich dafür ein Bedarf bei Freiwilligen Feuerwehren ergab, dauerte es noch einige Zeit. Zu den bayernweit ersten Freiwilligen Wehren dürfte Planegg gehören, die ihr erstes WLF 1991 beschaffte. Die FF Unterschleißheim stellte ihr erstes WLF 1998 in Dienst. Es handelte sich um einen gebraucht gekauften, drei Jahre alten DB 2538 mit Hakengerät von Meiller. 1999 stattete

Im Jahr 2006 befand sich bei den Feuerwehren Ottobrunn, Unterhaching und Taufkirchen die Flotte an Trägerfahrzeugen und Aufbauten auf Basis eines gemeindeübergreifenden Wechselladerverbunds im Aufbau.

man ihn mit einem Ladekran aus und ein Jahr später ließ man eine hydraulische Winde einbauen. Im Jahr 2000 stieg die FF Ottobrunn in die Wechselladertechnik ein, als Ersatz für den selber umgebauten SW 1400 anstand. Als sich kurz darauf auch die FF Unterhaching und die FF Taufkirchen für WLF entschieden, setzten sich die Kommandanten der drei benachbarten Wehren zusammen, um die Trägersysteme aufeinander abzustimmen und um für jede Wehr die Schwerpunkte nach örtlichen Anforderungen zu setzen. Damit vermieden sie doppelte Beschaffungen und sparten ihren Gemeinden Kosten. Dieser überregional beachtete gemeindeübergreifende Wechselladerverbund bekam besondere Bedeutung mit dem gemeinsamen AB-Atemschutz, in dem die Reservegeräte der drei Wehren vorgehalten werden. Bei Bedarf bringt ihn die FF Unterhaching zur Einsatzstelle.

Der Buchstabe H in der Fahrgestellbezeichnung des MAN TGA der FF Unterhaching und des MAN TGS der FF Garching weisen auf eine besonders innovative Antriebstechnik hin. H steht für HydroDrive, einen zuschaltbaren hydrostatischen Vorderradantrieb von MAN. Als es der Münchner Nutzfahrzeughersteller 2005 auf den Markt brachte, war es weltweit einzigartig. Das System bietet Traktionsunterstützung bei gelegentlichen Fahrten abseits befestigter Straßen und Wege.

Als einzige Werkfeuerwehr im Landkreis setzt die WF TUM seit 2002 zwei fast baugleiche WLF auf DB Actros ein. Einer davon ist mit einer hydraulischen Zugeinrichtung ausgestattet. Seit 2017 bauen die FF Garching und seit 2020 die FF Pullach im Isartal ihre Wechselladersysteme auf.

Fahrzeugbestand im Landkreis München zum 1. Januar 2023

16 WLF bei den FF Garching, Ottobrunn (3x), Planegg (2x), Pullach im Isartal, Taufkirchen (2x), Unterhaching (2x) und Unterschleißheim (3x) sowie bei der WF TUM Garching (2x)

Bestand an Abrollbehältern bei den Feuerwehren im Landkreis München zum 1. Januar 2023

FF Garching: Logistik, Mulde
FF Ottobrunn: Mulde, Rüst, Rüst/Logistik, Rüstholz, Schaum, Schlauch, Strom, Wasser
FF Planegg: Auffangbehälter Gefahrgut, Dekontamination, Gefahrgut, Mulde, Schlauch/Unwetter, Schuttmulde, Strom, Wasser
FF Pullach im Isartal: Mulde, Schaum/Wasser, Wasser
FF Taufkirchen: Elektro, Küche, Logistik, Mulde, Schlauch/Wasser, Sonderlöschmittel
FF Unterhaching: Atemschutz, Generator (3x), Umwelt, Vakuumbehälter, Wasser
FF Unterschleißheim: Bau, Gefahrgut, Gefahrgutübungsanlage, Logistik, Kran, Mulde (3x), Rüst, Schaum, Schlauch, Strom
WF TUM Garching: CO_2, Lüfter, Schlauch, Sonderlöschmittel, Umwelt
Kreisbrandinspektion: Einsatzleitung (bei FF Taufkirchen), Sandsackfüllanlage (bei FF Planegg)

WLF-Kran | FF Planegg | DB 1722 | Hüffermann, Geidobler | 1991 | 2012 außer Dienst | mit AB Tank

WLF-Kran | FF Unterschleißheim | DB 2538 6x4 | Meiller, Eigenausrüstung | 1995 | 1998 Umbau | 2018 an THW München-Land | mit AB Rüst

WLF | FF Planegg | DB Actros 1831 | Palfinger, Weinmann | 2000 | mit AB Gefahrgut

WLF | WF TUM Garching | DB Actros 3340 6x6 | Meiller, Team Oettl | 2002 | mit AB Sonderlöschmittel (tdo)

WLF-Kran | FF Unterhaching | MAN FE 310 A (28.314 FNLC) | Hüffermann, Hutterer | 2002 | mit AB Generator

WLF | FF Taufkirchen | Iveco Trakker 350 (280T35) | Palfinger | 2005 | 2010 Kran demontiert | mit AB Sonderlöschmittel

WLF | FF Unterschleißheim | DB Actros 2641 6x4 | Multilift, DTS | 2006 | mit AB Gefahrgut

WLF | FF Ottobrunn | DB Actros 3346 6x6 | Multilift, DTS | 2006 | mit AB Rüst

WLF | FF Unterhaching | MAN TGA 26.480 6x4H-2 BL | Meiller, Hutterer | 2006 | mit AB Wasser

WLF-Kran | FF Taufkirchen | MAN TGS 41.400 8x8 BB | Palfinger | 2010 | mit AB Schlauch/Wasser

WLF-Kran | FF Planegg | Scania P 400 6x4 | Palfinger, Furtner & Ammer | 2012 | mit AB Wasser

WLF | FF Unterschleißheim | DB Actros 3346 6x6 | Hiab, DTS | 2013 | mit AB Rüst

WLF-Kran | FF Garching | MAN TGS 26.420 6x4H-4 BL | Multilift, ATS | 2017 | mit AB Mulde

WLF | FF Unterschleißheim | MAN TGS 33.460 6x4 BL | Hiab, ATS | 2018 | mit AB Kran (ohu)

WLF-Kran | FF Pullach | Scania P 410 6x4 *4 | Hiab | 2020 | mit AB Mulde

WLF | FF Ottobrunn | Volvo FMX 330 | Hiab | 2021 | mit AB Rüst/Logistik

Sanitätsdienstfahrzeuge

Den Rettungsdienst üben in der Regel in Bayern die Hilfsorganisationen wie ASB, BRK, JUH oder Malteser-Hilfsdienst sowie im Rettungsdienst tätige Unternehmen aus. Einige Freiwillige Feuerwehren im Landkreis München engagieren sich im First Responder-Dienst. Krankentransportwagen KTW und Rettungswagen RTW befanden und befinden sich nur in den Fuhrparks von Betriebs- und Werkfeuerwehren.

First Responder-Fahrzeuge

Am 15. Juni 1994 führten die FF Aschheim, Oberschleißheim und Unterschleißheim den First Responder-Dienst als Pilotprojekt ein. Die FF Helfendorf schloss sich wenige Monate später an. Der Erfolg gab ihnen Recht. Vom Landkreis München aus breitete sich die First Responder-Idee über zahlreiche Feuerwehren in Bayern und deutschlandweit aus. Anfangs rückten die Feuerwehren mit den vorhandenen Kdow oder MZF vom Gerätehaus aus. Dazu mussten die Helfer jedoch erst zum Gerätehaus kommen. Schnell zeigte sich, dass auf diese Weise nur ein geringer Zeitvorteil gegenüber dem Rettungs- oder Notarztwagen zu erzielen war. Je kürzer jedoch das therapiefreie Intervall ausfällt, umso besser sind die Überlebenschancen bei lebensbedrohlichen Verletzungen oder Erkrankungen.

Um einen Zeitvorsprung zu erreichen, galt es, die Ausrückezeiten massiv zu verkürzen. Die Lösung stellen eigene First Responder-Fahrzeuge dar, die rund um die Uhr sofort mit einem Hel-

First Responder | FF Aschheim | BMW 520 i | Eigenausrüstung | 1988 | 2001 Umbau aus Kdow | 2006 außer Dienst

First Responder | FF Unterschleißheim | BMW 316 i touring | Eigenausrüstung | 1993 | 1994 umgebaut | 2000 außer Dienst

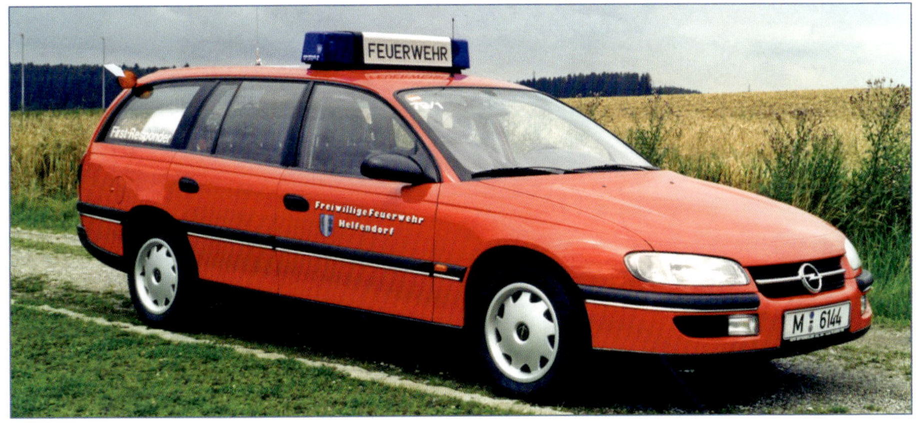

First Responder | FF Helfendorf | Opel Omega 2,0 | Eigenausrüstung | 1995 | 2005 außer Dienst

fer besetzt werden können. So kann dieser bei Alarm unverzüglich von zu Hause oder von seinem Arbeitsplatz starten und innerhalb kürzester Zeit die Einsatzstelle erreichen.

Manche Wehren nutzen ein Einsatzfahrzeug, weitere First Responder-Kräfte rücken vom Gerätehaus bei Bedarf mit dem MZF nach. Andere Wehren bevorzugen die Zwei-Helfer-Methode und halten daher zwei Fahrzeuge besetzt. Die meisten Wehren, die im Landkreis München den First Responder-Dienst ausüben, haben dafür eigene Fahrzeuge mit der Funkkennzahl 79 beschafft. In manchen Orten, in denen die Wege zum Gerätehaus kurz und überschaubar sind, hat man die Beladung von Kdow, MZW oder MTW für diese Aufgabe ertüchtigt oder das First Responder-Fahrzeug auf der Wache stehen.

In den ersten Jahren verwendeten viele Wehren Pkw für diese Aufgabe. Im Lauf der Zeit stellten immer mehr Wehren auf geländegängige SUV um. Zum einen möchte man Einsatzstellen auch abseits befestigter Straßen bei jeder Witterung erreichen, zum anderen profitiert der Fahrer von der erhöhten Sitzposition und hat auf der Alarmfahrt einen besseren Überblick auf das Verkehrsgeschehen. Zudem nehmen andere Verkehrsteilnehmer den SUV besser wahr als einen Pkw. Von den Stückzahlen dominieren der Audi Q5 und der BMW X3. Audi Q5 laufen oder liefen bei den FF Neubiberg, Oberschleißheim, Ottobrunn und Unterschleißheim. Der BMW X3 findet sich bei den FF Aschheim, Feldkirchen, Garching, Hohenbrunn und Unterhaching im Fuhrpark. Einige Wehren haben sich für Kleinbusse entschieden. Diese bieten Sitzplätze und Platz zum Transport der Besatzung des Rettungshubschraubers mit ihrer Ausrüstung vom Landeplatz zum Einsatzort.

First Responder | FF Aschheim | Opel Monterey 3,1 | Eigenausrüstung, Rosenbauer | 1996 | 2007 außer Dienst

First Responder | WF EADS-IABG Ottobrunn | VW Golf | 1998 | 2017 außer Dienst

First Responder | FF Garching | DB Sprinter 312 D | Team Oettl | 1998 | 2012 außer Dienst (tdo)

Da der First Responder-Dienst keine Pflichtaufgabe der Feuerwehren ist, übernimmt häufig der Feuerwehrverein die Beschaffung von Fahrzeugen und Ausrüstung. Über die Gemeinde oder Stadt laufen die Betriebskosten. Die Vereine konnten geeignete Fahrzeuge manchmal als Jahreswagen oder bestens erhaltene Gebrauchtfahrzeuge erwerben, umbauen lassen oder in eigener ehrenamtlicher Arbeit selbst ausrüsten. Spenden ermöglichten oftmals erst die Realisierung des First Responder-Dienstes.

Die Ausrüstung zur medizinischen Erstversorgung umfasst mehrere Koffer oder Rucksäcke mit einer Ausstattung für die Kontrolle und Aufrechterhaltung des Kreislaufs, zur Beatmung und automatischen Defibrillation, für Kindernotfälle und zur Wundversorgung. Zur Beladung der Fahrzeuge gehören auch Feuerlöscher, Handlampen, einfache Geräte zur technischen Hilfeleistung wie Bolzenschneider und Brechstange sowie Material zur Verkehrsabsicherung.

First Responder | FF Ottobrunn | Audi A 6 2,8 quattro Avant | Binz | 2002 | 2007 von BF Hansestadt Stralsund (Lkr. Vorpommern-Rügen) ehemals NEF | 2010 außer Dienst

First Responder | FF Feldkirchen | BMW 520 i touring | Team Oettl | 2002 | 2015 außer Dienst

First Responder | FF Helfendorf | Mercedes-Benz ML 270 CDI | Geidobler | 2002 | 2005 umgebaut | 2014 außer Dienst

Fahrzeugbestand im Landkreis München zum 1. Januar 2023

17 First Responder-Fahrzeuge bei den FF Aschheim, Feldkirchen, Garching (2x), Harthausen, Helfendorf, Hohenbrunn, Neubiberg, Oberschleißheim, Ottobrunn (2x), Unterföhring, Unterhaching (2x), Unterschleißheim (3x)

First Responder | FF Unterschleißheim | BMW 320 d touring | Eigenausrüstung | 2003 | 2013 außer Dienst

First Responder | FF Ottobrunn | Nissan Terrano II 3,0 | Eigenausrüstung | 2004 | 2006 umgebaut | 2012 an FF Heimstetten

First Responder | FF Ottobrunn | Audi A4 2,0 tdi Avant | Binz | 2008 | 2010 von Audi Vorführfahrzeug NEF | 2012 Umbau zu Kdow

First Responder | FF Harthausen | DB Vito 115 CDI | Team Oettl | 2008

First Responder | FF Unterhaching | Mercedes-Benz B 200 | Eigenausrüstung | 2008 | 2016 an FF Pullach (Lkr. München)

First Responder | BtF Airbus Ottobrunn | Mercedes-Benz B 180 CDI | Funk Häusler | 2012 | 2020 von WF IABG Ottobrunn

First Responder | FF Helfendorf | BMW X5 3.0 d | Bertrandt | 2012 | 2014 umgebaut

First Responder | FF Feldkirchen | BMX X3 | Eigenausrüstung | 2015

First Responder | FF Neubiberg | Audi Q5 2,0 tdi quattro | Compoint | 2015

First Responder | FF Unterschleißheim | BMW 220 xDrive Gran Tourer | Kuhn elektronik | 2021

First Responder | FF Unterföhring | VW T6.1 4motion 2.0 TDI | Compoint | 2021

Rettungsdienstfahrzeuge

In den Werksgeländen der Firmen MBB und IABG in Ottobrunn übernahm die gemeinsame Werkfeuerwehr in enger Zusammenarbeit mit dem werksärztlichen Dienst die Aufgaben des Rettungsdienstes. Bereits bald nach der Gründung als Betriebsfeuerwehr im Jahr 1962 gehörten zwei KTW zum Fuhrpark. Auf den VW T1 und den Mercedes-Benz 180 folgten mehrere Generationen des früher in Rettungsdienstkreisen bekannten „KTW hochlang". Er entstand aus Mercedes-Benz-Pkw durch Verlängerung des Radstands und Umbau der Karosserie zu einem Kombi.

Die 1967 in Kraft getretene Norm DIN 75080 unterschied bei den beförderten Kranken und Verletzten nach Notfall- und Nicht-Notfallpatienten. Daraus ergab sich die Unterteilung in Krankentransportwagen (KTW) und Rettungstransportwagen (RTW). Für letzteren Typ bürgerte sich der Begriff Rettungswagen ein. Jedoch blieb das T in der Abkürzung erhalten, um in der Feuerwehrnomenklatur eine Verwechslung mit dem Kürzel RW für Rüstwagen zu vermeiden.

Die 1987 eingerichtete Betriebsfeuerwehr Siemens Unterschleißheim hatte einen KTW auf VW T3 im Fuhrpark. Um Stehhöhe zu gewinnen, montierte die Firma KFB ein Hochdach, denn durch den Heckmotor im VW Bus war der Behandlungsraum rund um die Krankentrage eingeschränkt.

Ab Mitte der 1970er Jahre liefen im Fuhrpark der WF MBB-IABG neben KTW auch RTW. Der erste RTW war ein Ford Transit 130, wie er auch bei der BF München vorhanden war. Danach folgten mehrere Generationen von Mercedes-Benz-Transportern. Mit der Umstrukturierung der Werkfeuerwehr beendete man 2009 die Vorhaltung eines RTW. Die WF IABG Ottobrunn beschaffte 2017 einen bei der BF München ausgemusterten RTW für den werksinternen Rettungsdienst und setzte ihn drei Jahre lang ein.

Zur Erstausstattung der 1979 gegründeten WF Technische Universität München am Standort Garching gehörte ein RTW. Aufgrund der hohen Laufleistung erfolgte immer wieder eine Neubeschaffung von Fahrzeugen. Derzeit ist es ein RTW von 2017 auf Mercedes-Benz Sprinter 519 CDI, der Aufbau stammt von GSF. Die beiden RTW der Ottobrunner und der Garchinger Werkfeuerwehren standen beziehungsweise stehen auf Anforderung durch die Integrierte Leitstelle München für Rettungsdiensteinsätze auch außerhalb des Werksgeländes zur Verfügung.

Im Helmholtz-Zentrum in Neuherberg ist eines von bundesweit sieben Regionalen Strahlenschutzzentren ansässig. Für den Bereitschaftsdienst des Strahlenschutzarztes, der bei dieser besonderen Art von Erkrankungen und Unfällen alarmiert wird, werden zwei Notarzteinsatzfahrzeuge NEF vorgehalten. Deshalb tragen diese zwei VW T5 jeweils die beiden Aufschriften „Feuerwehrarzt" und „Strahlenschutzarzt". Eines der beiden Fahrzeuge wurde im Jahr 2022 durch einen BMW X5 ersetzt. Die Beladung besteht aus der Ausrüstung eines NEF, Defibrillator, mobilem Ultraschallgerät, Messtechnik Strahlenschutz, Schutzausrüstung, Atemschutzgerät, Verkehrsabsicherungsmaterial und Feuerlöscher Micro-CAFS.

Fahrzeugbestand im Landkreis München zum 1. Januar 2023

1 RTW bei WF TUM Garching
2 NEF Strahlenschutzarzt bei WF Helmholtz-Zentrum Neuherberg

KTW | BtF Siemens Unterschleißheim | VW T3 | KFB | 1988 | außer Dienst

RTW | WF TUM Garching | DB 307 D | Miesen | 1978 | 1995 außer Dienst

RTW | WF MBB-IABG Ottobrunn | DB 409 | Binz | 1980 | 1991 außer Dienst

RTW | WF TUM Garching | DB 510 D | WAS | 1995 | 2007 außer Dienst

RTW | WF EADS-IABG Ottobrunn | DB Vario 512 D | Strobel | 2001 | 2009 außer Dienst

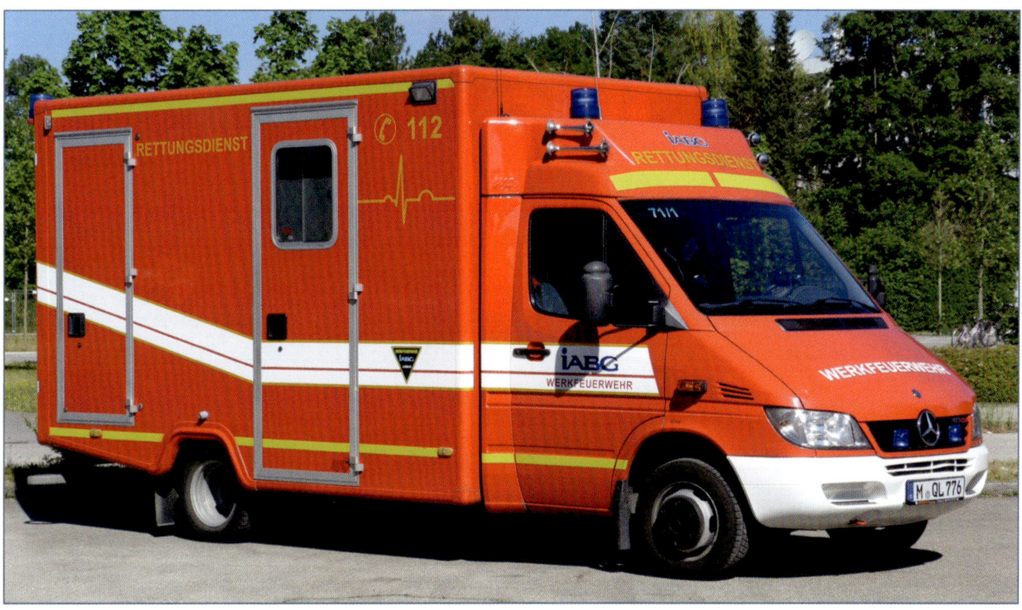

RTW | WF IABG Ottobrunn | DB Sprinter 413 CDI | WAS | 2004 | 2017 von BF München | 2020 außer Dienst (ohu)

RTW | WF TUM Garching | DB Sprinter 518 CDI | GSF | 2007 | 2017 an Rettungsambulanz Greiz (Lkr. Greiz) (hjs)

RTW | WF TUM Garching | DB Sprinter 519 CDI | GSF | 2017

NEF Strahlenschutzarzt | WF Helmholtz-Zentrum Neuherberg | VW T5 GT | Furtner & Ammer | 2014 (ohu)

Militärische Feuerwehren

Von drei militärischen Einrichtungen im Landkreis München ist bekannt, dass dort zur Absicherung des Brandschutzes Feuerwehren eingerichtet wurden. Dieses sind die Flugplätze Neubiberg und Oberschleißheim sowie die Heeresmunitionsanstalt (Muna) Hohenbrunn. Heute gibt es lediglich in Neubiberg an der Universität der Bundeswehr (UniBW) noch eine Wache der Feuerwehr der Bundeswehr. Die Fahrzeuggeschichte an diesen drei Standorten ließ sich nur bruchstückhaft ermitteln. Erinnerungen sind verblasst, Unterlagen durch mehrfachen Wechsel der Betreiber nicht erhalten geblieben und historisches Fotomaterial mit Bezug zur Feuerwehr und ihren Einsatzfahrzeugen kaum noch aufzufinden.

Flugplatz Neubiberg

1933 begannen die Bauarbeiten für einen Flugplatz bei Neubiberg unter einer zivilen Tarnbezeichnung. Die spätere militärische Nutzung als Fliegerhorst durch die 1935 offiziell gegründete Luftwaffe war allerdings von Anfang an vorgesehen. 1945 besetzten amerikanische Truppen den Platz und bis 1958 stationierte die US Air Force dort Kampf- und Transportflugzeuge. Anschließend übernahm die Bundeswehr den Fliegerhorst. Der militärische Flugbetrieb endete 1991. Dem Fliegerclub München genehmigte das Luftamt Südbayern bis Ende 1997 die Einrichtung eines Sonderlandeplatzes. Bereits 1973 hatte die Bundeswehr begonnen, eine ihrer beiden Hochschulen in Neubiberg anzusiedeln. Sie nennt sich seit

Ts 2,5 | Fliegerhorste Neubiberg und Schleißheim | Henschel 33-Fa 1 | Metz | ca. 1941 | 2.500 W 300 S | außer Dienst (Beispielfoto)

Schlauchtender | Fliegerhorste Neubiberg und Schleißheim | DB L 3750 | Magirus | ca. 1936 | außer Dienst (Beispielfoto) (mag)

Fahrzeuge der US Air Force Neubiberg zu Besuch am Gerätehaus der FF Neubiberg in den 1950er Jahren. Links ein Firetruck Class 155, rechts der Jeep des Fire Marshall, in der Mitte der MTW auf Dodge WC der FF Neubiberg. (ffnbg)

1985 Universität der Bundeswehr. Von 1971 bis 1998 war auf dem Gelände auch die Polizeihubschrauberstaffel Bayern stationiert. Diese wechselvolle Geschichte spiegelt sich im Brandschutz für den Flugbetrieb und die Liegenschaften wider. Feuerwehren richteten zuerst die Luftwaffe, dann die US Air Force und schließlich die Bundeswehr ein. Als einzige Teileinheit der Fliegerhorststaffel blieb 1991 bei Ende des militärischen Flugbetriebs die Feuerwehr am Platz erhalten. Sie wurde der Universität der Bundeswehr zur Sicherstellung des abwehrenden Brandschutzes zugeordnet und nennt sich Feuerwehr UniBW.

Ab 1935 baute die Luftwaffe eine Fliegerhorstfeuerwehr auf. Sie soll anfangs über ein LF 800 von Metz verfügt haben. Im Lauf der Jahre kam die Standardausstattung für Fliegerhorste hinzu, die sich aus der Tankspritze Ts 2,5, Schlauchtender und Löschgruppenfahrzeug zusammensetzte. Das Reichsluftfahrtministerium (RLM) konzipierte für Einsätze auf dem Rollfeld die Tankspritze Ts 2,5, die auf einem dreiachsigen Fahrgestell von Henschel 2.500 Liter Wasser und 300 Liter Schaummittel mitführte. Die Vorbaupumpe leistete 2.500 l/min. Die Vorgabe lautete, dass die Zeitspanne vom Anhalten an der Einsatzstelle bis zur Schaumabgabe über drei Rohre maximal fünf Sekunden dauern dürfe. Von welchem Aufbauhersteller – Magirus oder Metz – die in Neubiberg stationierte Ts 2,5 war, ist nicht überliefert. Das RLM beschaffte zwischen 1936 und 1939 eine große Anzahl Schlauchtender auf Mercedes-Benz-Fahrgestell. Sie hatten die Aufgabe, die Ts 2,5 über längere Schlauchstrecke mit Wasser zu versorgen. Das Löschfahrzeug soll eine KS 25 gewesen sein.

Die US Air Force setzte in Neubiberg verschiedene Generationen ihrer Löschfahrzeuge ein. Der Fire Marshall verfügte über einen Kommandowagen auf Willys Jeep M 38. Des Weiteren ist auf dem in den 1950er Jahren aufgenommenen Foto am Gerätehaus der FF Neubiberg ein Firetruck Class 155 zu erkennen. Auf einem dreiachsigen Kenworth M-1-Fahrgestell befindet sich ein Aufbau von American LaFrance-Foamite. Für das damals in den USA übliche Hochdrucknebel-Löschverfahren über die beiden Werfer erzeugte die Pumpe einen Druck von etwa 41 bar. Mitgeführt wurden 1.000 Gallonen (3.785 Liter) Wasser und 100 Gallonen

TLF 15 | US Air Force Neubiberg | MD S 3500 | Magirus | 1953 | 1.800 W 200 S | außer Dienst (Beispielfoto) (mag)

Einsatzfahrzeuge des Bundeswehr Fliegerhorst Neubiberg in den 1970er Jahren mit Kdow, ELW, FlKfz 1500 und FlKfz 3800 (unibw)

Einsatzfahrzeuge des Bundeswehr Fliegerhorst Neubiberg mit FlKfz 4500/450, FlKfz 1500, FlKfz 3800/400, FlKfz 750, FlKfz 3800/400 und Kdow (rih)

FLF 30 | Bundeswehr Fliegerhorst Neubiberg | Krupp Drache AL 480 | Metz | 1953 | 3.500 W 365 S 120 CO_2 | 1958 von Flugzeugführerschule Memmingen | außer Dienst (metz)

Kdow | Bundeswehr Fliegerhorst Neubiberg | VW 181 | außer Dienst (hjp)

FlKfz 3800/400 | Bundeswehr Fliegerhorste Neubiberg und Schleißheim | MD 178 D 15 A 6x6 | Bachert | 3.800 W 400 S | außer Dienst (Beispielfoto)

FlKfz 750 | Bundeswehr Fliegerhorst Neubiberg | DB Unimog S 404 | Metz Minimax | 750 P | außer Dienst (hjp)

(378 Liter) Schaummittel. Auch bei deutschen Herstellern kaufte die US Army ein. Magirus lieferte im Jahr 1953 28 TLF 15 auf Straßenfahrgestell S 3500 aus der Rundhauber-Baureihe. Die Aufbauten zeigen eine typische amerikanische Bauweise mit mittig eingebauter Pumpe, Schlauchbett auf dem Tankdach und ein Trittbrett am Heck. Auf diesem fuhr die Mannschaft stehend mit. Zwei dieser Fahrzeuge sollen in Neubiberg stationiert gewesen sein. 1956 folgte ein fast baugleiches TLF 15 auf Magirus-Deutz-Allradfahrgestell A 3500. Ob Teile des Fuhrparks bei der Übergabe des Fliegerhorsts von der US Army an die Bundeswehr in Neubiberg unter neuem Besitzer erhalten geblieben sind, ist nicht bekannt.

Die Bundeswehr entwickelte für ihre Feuerwehren eine erste Generation an Einsatzfahrzeugen und stationierte sie auch auf den Fliegerhorsten. Als Tanklöschfahrzeug setzte man ab Beginn der 1960er Jahre über mehrere Jahrzehnte das Feuerlösch-Kraftfahrzeug FlKfz 3800/400 ein. Das dreiachsige Allradfahrgestell Jupiter 6x6 (später 178 D 15 A) von Magirus-Deutz hatte die Bundeswehr bereits für vielfältige Aufgaben in der Truppe beschafft, der Aufbau kam bei diesem Typ von Bachert. Die Mannschaft saß im Aufbau und bediente von dort durch eine Dachluke den Schaum-Wasserwerfer. Wie die Typbezeichnung aussagt, wurden 3.800 Liter Wasser und 400 Liter Schaummittel mitgeführt, die Pumpe leistete 2.400 l/min bei 8 bar. Mindestens drei Fahrzeuge dieses Typs waren in Neubiberg stationiert. Auf dem zweiachsigen Magirus-Deutz-Fahrgestell A 6500 beschaffte die Bundeswehr 1959 etwa ein Dutzend FlKfz 4500/450. Eines davon gehörte wahrscheinlich zum Fuhrpark dieser Fliegerhorstfeuerwehr. Zeitweise lief in Neubiberg

FlKfz 1500 | Bundeswehr Fliegerhorst Neubiberg | DB LG 315 | Graaf Total | 1957 | 1.500 P | außer Dienst (hjp)

FlKfz 8000 | Bundeswehr Fliegerhorst Neubiberg | Faun LF 41.30x2/48 V 8x8 | Saval Kronenburg | 8.100 W 900 S | außer Dienst (hjp)

DL 22 | UniBW Feuerwehr Neubiberg | MD S 3500/4 | Magirus | 1951 | 1956 von US Air Force Base Erding | 1995 an Technik Museum Speyer

Kdow | UniBW Feuerwehr Neubiberg | DB 250 GD „Wolf" | 1993

FlKfz 2400 | UniBW Feuerwehr Neubiberg | DB 1017 A | Bachert | 1985 | 2.400 W | 2008 außer Dienst

HTLF 16/25 | UniBW Feuerwehr Neubiberg | DB Atego 1325 AF | Ziegler | 2003 | 2.500 W 250 S | 2008 von Bundeswehrfeuerwehr Truppenübungsplatz Bergen

auch ein Flugfeldlöschfahrzeug FLF 30 auf Krupp. Es führte 3.500 Liter Wasser, 365 Liter Schaummittel und 120 Kilogramm Kohlendioxid mit. Die 3.200 l/min bei 10 bar und im Hochdruckbetrieb 650 l/min bei 40 bar leistende Pumpe trieb ein eigener 175 PS starker Zweitakt-Dieselmotor von Krupp an. Metz baute es 1953 und erprobte es ausführlich auf dem Flughafen Zürich bevor es die Bundeswehr erwarb. Dieses Einzelstück kam 1958 vom Fliegerhorst Memmingen zusammen mit der Flugzeugführerschule nach Neubiberg, um Piloten auf dem Transportflugzeug Noratlas auszubilden. Ob das FLF 30 in Neubiberg blieb, als diese Einheit bereits Monate später wieder abgezogen wurde, ist nicht bekannt. Weit verbreitet bei der Bundeswehr war das Mercedes-Benz LG 315-Fahrgestell. So bot es sich an, dieses auch mit Aufbauten für die Feuerwehr zu versehen. Ob ein FlKfz 2400, das von der Ausrüstung einem zivilen TLF 16 entsprach, in Neubiberg stationiert war, ist nicht überliefert. Fast baugleich gab es das FlKfz 1500 mit zwei 750 Kilogramm fassenden Pulverlöschanlagen. Dieses lief es bei der Fliegerhorstfeuerwehr Neubiberg wie auch das FlKfz 750 auf DB Unimog S 404, das 750 Kilogramm Pulver mitführte. Bei der Bundeswehrfeuerwehr haben geländegängige Kleinfahrzeuge als Kdow Tradition. Die Fliegerhorstfeuerwehr Neubiberg nutzte den DKW F91 „Munga" und das Nachfolgemodelle VW 181, vermutlich auch den VW „Iltis".

Aus der zweiten Generation der Bundeswehrlöschfahrzeuge kam für den Flugzeugbrandschutz mindestens ein FlKfz 8000 nach Neubiberg. Der Auftrag ging an die für Schwerlast- und Kranfahrzeuge bekannte Firma Faun. Die Auslieferung der Fahrzeuge, deren Aufbau von Saval Kronenburg aus den Niederlanden stammte, begann 1977.

Im Heck befanden sich zwei 320 PS starke luftgekühlte V8-Zylinder-Motore von KHD. Sie konnten getrennt geschaltet werden, sodass ein Motor das Fahrzeug antrieb und der andere die Feuerlöschkreiselpumpe. Diese hatte eine Förderleistung von 5.000 l/min bei 10 bar. Der GFK-Wassertank fasste 8.100 Liter Wasser und der Schaummittelbehälter 900 Liter. Seine Kabine war für eine Besatzung von vier Personen ausgelegt. Hinter den Hinterachsen befand sich die Landebahnbeschäumungsanlage. Dazu wurden Teleskoprohre nach beiden Seiten herausgezogen. Das ergab einen zehn Meter breiten und bis zu 600 Meter langen Schaumteppich.

Mit der Einstellung des Flugbetriebs änderte sich die Zusammensetzung des Fuhrparks. Für die Feuerwehr der UniBW war zunächst ein Löschfahrzeug ausreichend. Mitte der 1990er Jahre soll kurzzeitig ein von der ehemaligen Nationalen Volksarmee der DDR übernommenes TLF 16 GMK auf IFA W 50 LA in Neubiberg stationiert gewesen sein. Dem folgte ein FlKfz 2400 auf DB 1017 AF. Hierbei nutzte die Bundeswehr die Aufbauten der früheren FlKfz 2400 auf DB LG 315 weiter, man setzte sie nur auf das neue Fahrgestell.

FlKfz Geräterüst | UniBW Feuerwehr Neubiberg | MAN LE 18.280 4x4 BB (18.285 LAK) | Ziegler | 2003 | 2008 von Bundeswehrfeuerwehr Truppenübungsplatz Bergen

GW-L 2 | UniBW Feuerwehr Neubiberg | MAN TGM 13.250 4x4 BL | Freytag | 2018

Ein Fahrzeug hatte über Jahrzehnte die organisatorischen Wechsel auf dem Fliegerhorst überdauert, nämlich die DL 22 auf Magirus S 3500. 1951 zählte die US Air Force Europa Air Base Neubiberg zu den Empfängern eines Fahrzeuges aus der Serie von fünf Exemplaren. Die anderen gingen an die Militärflugplätze Erding, Frankfurt am Main, Fürstenfeldbruck und Landsberg am Lech. Als die Bundeswehr in einige dieser Standorte einzog, übernahm sie für ihre Fliegerhorstfeuerwehren zwei dieser DL 22. Allerdings behielten die Amerikaner wohl das Neubiberger Fahrzeug, denn es tauchte Mitte der 1970er Jahre bei der Feuerwehr der belgischen Stadt Dendermonde auf. Und nach Neubiberg kam die ursprünglich nach Erding gelieferte DL 22. Im Lauf der Jahre lackierte die Bundeswehr das Fahrzeug von Rot auf Oliv um. Zudem setzte man die Leiterauflage hinter dem Fahrerhaus höher, um Platz für die Montage des Blaulichts auf dem Kabinendach zu bekommen. Bis 1995 gehörte die DL 22 zum Fuhrpark der Feuerwehr UniBW. Wieder auf Rot umlakkiert kann man sie nun im Technik-Museum Speyer besichtigen.

Bei der Feuerwehr UniBW läuft als Kdow die Mercedes-Benz G-Klasse unter dem Namen „Wolf". Speziell für die Bundeswehrfeuerwehr erhielt der DB 250 GD mit langem Radstand ein Hardtop aus GFK mit seitlichen Klappen zur Geräteentnahme aus dem Laderaum. J & B Fahrzeugausrüstung in Magdeburg erledigte die elektrische Ausrüstung. In Vorgriff auf die dritte Fahrzeuggeneration bei der Bundeswehrfeuerwehr gingen 2003 ein HTLF 16/25 und ein sogenanntes „FlKfz Geräterüst" zur Erprobung an den Truppenübungsplatz Bergen in Niedersachsen. 2008 wechselten beide bei Ziegler gebauten Einzelstücke zur Feuerwehr

UniBW Neubiberg. Für den Gebäudebrandschutz im Lehr- und Wohnbereich wird das Tanklöschfahrzeug auf DB Atego 1325 AF eingesetzt. Der als „FlKfz Geräterüst" bezeichnete MAN LE 18.280 4x4 BB mit Einzelbereifung trägt den Aufbau und die Ausrüstung ähnlich zu einem kommunalen Rüstwagen. Eingebaut sind ein 23 kVA leistender Generator von GTS und eine Rotzler Treibmatic-Winde TR 030/5. Im Jahr 2018 lieferte der Aufbauhersteller Freytag Karosseriebau 52 GW-L 2 auf MAN TGM-Fahrgestell für Logistikaufgaben an die Bundeswehrfeuerwehr. Einer davon kam zur Feuerwehr der UniBW Neubiberg.

Tankspritze | Deutsche Verkehrsfliegerschule Schleißheim | DB LoS 2000 | Metz | 1934 | außer Dienst (metz)

Flugplatz Schleißheim

Der älteste Flugplatz in Bayern, der heute noch in Betrieb ist, liegt in Oberschleißheim. 1912 legte man ihn für die Königlich Bayerische Fliegertruppe an. Nach dem Ersten Weltkrieg erklärten die Alliierten das Gelände zum Zivilflugplatz. Das Deutsche Reich unterhielt bis 1935 offiziell keine Luftwaffe, denn dem standen die Bestimmungen des nach dem Ersten Weltkrieg geschlossenen Versailler Vertrags entgegen. Tatsächlich betrieb der deutsche Staat insgeheim aber den Aufbau einer Luftwaffe. Dazu wurden Tarnorganisationen vorgeschoben, eine davon nannte sich Verkehrsfliegerschule Schleißheim. Während des Zweiten Weltkriegs nutzte ihn die Luftwaffe. Nach Kriegsende diente der Flugplatz bis 1973 der US Army vor allem zur Ausbildung von Hubschrauberpiloten. Bereits 1956 kamen die Heeresflieger der Bundeswehr als weitere Nutzer hinzu. 1981 endete die militärische Verwendung. Im nördlichen Bereich siedelte sich mit der „Flugwerft Schleißheim" eine Außenstelle des Deutschen Museums an. Im Süden ist seit 1964 die Bundespolizei mit ihrer Fliegerstaffel ansässig. Auf einem Teil des Flugplatzes wird von zivilen Fliegervereinen Segel- und Motorflugsport betrieben.

TLF 25 | Fliegerhorst Schleißheim | DB L 4500 A | Magirus | 1944 | 2.500 W 300 S | außer Dienst (Beispielfoto) (mag)

Die Bayerische Königliche Fliegertruppe soll dort 1917 eine Kraftfahrspritze stationiert haben. Von ihr ist nur bekannt, dass sie 1920 aufgrund des Flugverbots an den Hersteller, vermutlich Magirus, zurückgegeben und an eine zivile Feuerwehr weiterverkauft wurde. Dabei könnte es sich um die Stadt Chur in der Schweiz gehandelt haben. Für die Deutsche Verkehrsfliegerschule Schleißheim lieferte Metz 1934 eine kleine Tankspritze auf Mercedes-Benz LoS 2000. An der Vorbaupumpe, die 1.200 l/min bei 80 m Wassersäule leistete, waren beidseitig Schlauchleitungen mit Schaumrohren angeschlossen. Zur schnellen Löschmittelabgabe öffnete der Maschinist die Abgänge mit einem Handgriff an einem Hebel anstelle der üblichen mehrfachen Drehbewegung an den Schraubventilen. Löschwasser befand sich im Kasten über der Hinterachse. Ihre Menge ist nicht überliefert.

Sehr wahrscheinlich setzte die Luft-

Die beiden von der US Army Ende der 1950er Jahre auf dem Fliegerhorst Schleißheim eingesetzten Fahrzeugtypen: Links das FLF „O-11 A“ von American LaFrance-Foamite, rechts das LF 25 auf Südwerke LG 45 mit Aufbau von Metz (rih)

waffe während des Zweiten Weltkriegs in Schleißheim ihren üblichen Fuhrpark aus Tankspritze Ts 2,5, Schlauchtender und Löschgruppenfahrzeug zur Absicherung des Flugbetriebs ein. Nachdem ein Teil der Feuerwehr auf einen anderen Fliegerhorst verlegt wurde und ein Nachtjagdgeschwader den Platz in Oberschleißheim belegte, kam nach mündlicher Überlieferung kurz vor Kriegsende Ersatz für die Brandschutzflotte. Unter anderem sei da eines der sehr selten bei Magirus gebauten TLF 25/43 auf DB L 4500 A dabei gewesen. Denn ein solches Fahrzeug soll zur Erstausrüstung der Militärfeuerwehr der US Army gehört haben.

Die technische Aufwertung der amerikanischen Feuerwehr kam 1949 in Form von zwei, möglicherweise drei LF 25 auf Südwerke LG 45 mit Aufbau der Firma Metz. Sie stammten aus einer Serie, die das US Corps of Engineering bestellt hatte und daher eine Mischung aus deutschen und amerikanischen Bauformen darstellte. Die Gruppenkabine und die beidseitigen Auftrittkästen mit den Saugschläuchen erinnern an LF 25. Neben dem 800 Liter fassenden Wassertank lagerten die Druckschläuche in nach oben und hinten offenen Schlauchbetten in Buchten. Über der am Heck eingebauten Pumpe von 2.000 l/min Leistung war eine Schnellangriffshaspel montiert. 1959 ging vermutlich eines dieser zehn Jahre alten LF 25 an die FF Oberschleißheim. Zu jenem Zeitpunkt gehörte auch ein amerikanisches FLF vom Typ O-11a zum Fuhrpark. Dieses baute die Firma American LaFrance-Foamite. Es führte 3.600 Liter Wasser, 400 Liter Schaummittel und 80 Kilogramm Halon mit. Eingebaut waren zwei Benzinmotoren, der eine zum Antrieb des Fahrzeugs, der andere für die Pumpe. In den 1960er Jahren kam ein speziell für die Bekämpfung von Hubschrauberbränden konzipiertes FLF mit der Bezeichnung „Class 530B“ hinzu. Die Löschanlage auf dem Fahrgestell REO M44 A2 war für Pump-and-Roll-Betrieb ausgelegt. Es transportierte 400 Gallonen (1.514 Liter) Wasser und 40 Gallonen (151 Liter) Schaummittel. Die Pumpe von Waterous leistete 750 gpm (2.839 l/min). Das Fahrzeug wurde vor allem bei Außenlandungen, beispielsweise auf der sogenannten Panzerwiese bei Neuherberg eingesetzt.

Die Bundeswehrfeuerwehr kam in Schleißheim zuerst parallel zur Feuerwehr der US Army zum Einsatz. In der Fahrzeughalle standen die Fahrzeuge beider Wehren nebeneinander. Nach Übernahme des Geländes im Jahr 1973 durch die Bundeswehr baute man den Fuhrpark aus. Er bestand aus einem Kdow auf VW 181, zwei FlKfz 3800/400 auf dreiachsigen Magirus-Deutz mit Aufbau von Bachert und einem FlKfz 750 auf Unimog 404 S als TroLF 750.

Heeresmunitionsanstalt Hohenbrunn

Die Nationalsozialisten legten 1938 im Waldgebiet zwischen Hohenbrunn und Siegertsbrunn eine Munitionsfabrik mit Bunkern, Lager-, Mannschafts- und Verwaltungsgebäuden an. Nach dem Zweiten Weltkrieg benutzten die amerikanischen Streitkräfte das Gelände als Munitionslager. 1958 übernahm es die Bundeswehr bis sie im Jahr 2007 die Anlage auflöste. Dort war ein FlKfz 2400 auf DB LG 315 stationiert. Nach Erinnerung des Autors lief dort später ein FlKfz 2400 auf DB 1017 AF in der Ausführung, wie es auch bei der UniBW Neubiberg stationiert war. Zudem stand in der Wache ein FlKfz 3500 auf Faun-Fahrgestell, für deren Aufbau sich die Arbeitsgemeinschaft der Firmen Bachert und Ziegler gebildet hatte. Es stammte aus der zweiten Löschfahrzeuggeneration der Bundeswehr und führte eine umfangreiche feuerwehrtechnische Beladung mit sich, zu der üblicherweise Motorkettensäge, 5 kVA-Stromerzeuger, hydraulischer Rettungssatz und Lichtmast gehörten.

FlKfz 3500 | Bundeswehr Muna Hohenbrunn | Faun LF 22.30/45 V 6x4 | Arge Bachert/Ziegler | 3.500 W 280 S 750 P | außer Dienst (Beispielfoto)

Brandschutzfahrzeuge bei der Polizei

Sowohl der Bundesgrenzschutz (BGS) als auch die Bayerische Bereitschaftspolizei unterhalten Hubschrauberstaffeln, die im Landkreis München stationiert sind oder waren. Aus dem Bundesgrenzschutz wurde die Bundespolizei, von der eine Fliegerstaffel in Oberschleißheim ihren Landeplatz und eine Werft hat. Die Bayerische Polizei betrieb ihre Hubschrauber zeitweise am Fliegerhorst Neubiberg. Zur Absicherung des Brandschutzes bei Flugbetrieb setzte die Polizei Einsatzfahrzeuge in ihrer organisationstypisch grünen Farbe ein.

Bundespolizei-Fliegerstaffel Oberschleißheim

Mit Wiederlangen der Lufthoheit für die Bundesrepublik Deutschland im Jahr 1955 stellte der Bundesgrenzschutz (BGS) die erste Hubschrauberflugbereitschaft auf. Seit 2005 gehören diese Fliegerstaffeln zur Bundespolizei. Dementsprechend beschafft das Bundesministerium des Inneren die Feuerlöschkraftfahrzeuge, die auf den sechs Landeplätzen der Bundespolizei den Brandschutz bei Starts und Landungen der Hubschrauber absichern. Der einzige Standort in Bayern liegt in Oberschleißheim.

Im Jahr 1975 orderte der damals zuständige Bundesgrenzschutz bei Metz fünf TroLF 750 auf DB Unimog U 416. Die 750 Kilogramm Pulver fassende Löschanlage steuerte Minimax bei. Eines dieser TroLF 750 war bis etwa 1999 in Oberschleißheim stationiert.

Mit Einführung des Hubschraubers „Super Puma" ergab sich eine neue Bewertung des Gefahrenpotentials. Der BGS reagierte im Jahr 1990 darauf mit der Erweiterung seiner Löschfahrzeugflotte um das SLF 1200/500 auf DB Unimog U 1300 L. Die Karosserie kam von Ziegler, die Löschanlage von Minimax. Dem Löschwasser von 1.200 Litern konnte bei Bedarf Schaummittel

TroLF 750 | Bundesgrenzschutz-Fliegerstaffel Oberschleißheim | DB Unimog U 416 | Metz Minimax | 1976 | 750 P | ca. 1999 außer Dienst

SLF 1200/500 | Bundespolizei-Fliegerstaffel Oberschleißheim | DB Unimog U 1300 L | Ziegler Minimax | 1990 | 1.200 W 500 P | ca. 2009 außer Dienst

aus einem 20 Liter-Kanister zugemischt werden. Es war keine Pumpe eingebaut, sondern das Löschmittel wurde – wie auch bei der 500 Kilogramm-Pulveranlage – mittels Stickstoff über zwei Schnellangriffsleitungen oder den Dachwerfer ausgestoßen.

Ab 1998 lösten acht FLF 8/15 die TroLF 750 bei den Fliegerstaffeln ab, so auch in Oberschleißheim: Fahrgestell DB Unimog U 2450 L, Aufbau Ziegler. Was die Typbezeichnung nicht aussagt, ist, dass im vorderen Teil des Aufbaus eine 500 Kilogramm-Pulverlöschanlage von Minimax untergebracht ist. Über der Hinterachse steht der 1.500 Liter fassende Wassertank. Die im Heck eingebaute Feuerlöschkreiselpumpe leistet 800 l/min bei 8 bar und im Hochdruckbetrieb 250 l/min bei 40 bar. Für die Schaumzumischung sind drei Kanister mit je 20 Liter AFFF mit der Pumpe verbunden. Statt der bisher gewohnten Lackierung in Schwarzgrün kam nun Minzgrün als Farbe.

Polizeihubschrauberstaffel Bayern Neubiberg

1971 baute die Bayerische Bereitschaftspolizei eine Hubschrauberstaffel auf und stationierte sie am Fliegerhorst Neubiberg. Sie blieb dort weiterhin erhalten als der militärische Flugbetrieb 1991 eingestellt wurde. Die Verlegung auf den Flughafen München erfolgte zum Jahresende 1998. Als Hubschrauber setzte die Staffel in Neubiberg die bewährten Typen Bo 105 und BK 117 ein. Nachdem die Bundeswehr ihre Feuerlöschfahrzeuge für den Fliegerhorstbetrieb abgezogen hatte, entschied sich die Bereitschaftspolizei wohl, selbst für den Brandschutz bei Flugbetrieb zu sorgen. Dafür bot sich ein Wasserwerfer aus eigenem Fuhrpark an. Es handelte sich um einen DB LA 1113 B mit Aufbau der Firma Metz. Die Bezeichnung WaWe 4000 bezieht sich auf die Größe des Wasserbehälters von 4.000 Liter. Zusätzlich montierte man eine 250 Kilogramm-Pulverlöschanlage auf dem Geräteraum im Heck. Metz baute eine FP 16/8 S mit einer Leistung von 2400 l/min bei 8 bar ein. Das in Neubiberg eingesetzte Fahrzeug stammt vermutlich aus den 1970er Jahren und zeigt die für Wasserwerfer typischen Schutzeinrichtungen, die verhindern sollten, dass Demonstranten das Fahrzeug erklimmen konnten: eine schräg sitzende Abdeckung der Stoßstange, die Verblendung der Radnabe an der Hinterachse und die abgeschrägte Bauform des Aufbaus, Das Fahrzeug blieb bis 1998 in Neubiberg.

FLF 8/15 | Bundespolizei-Fliegerstaffel Oberschleißheim | DB Unimog U 2450 L | Ziegler | 1998 | 1.500 W 500 P

WaWe 4000 | Bereitschaftspolizei Polizeihubschrauberstaffel Bayern Neubiberg | DB LA 1113 B | Metz | 4.000 W 250 P | 1998 außer Dienst (oha)

Fotografen-Nachweis

Hinweis: Einige historische Fotoaufnahmen in diesem Buch mögen in ihrer Qualität nicht den höchsten Ansprüchen genügen. Dies liegt weder am Druck noch an der Bildbearbeitung sondern an den zur Verfügung gestellten Vorlagen, von denen manche über fünfzig Jahre alt sind. Sie werden trotzdem hier gezeigt, weil sie wegen ihrer Einzigartigkeit und zur Vervollständigung dieser Dokumentation von hoher Bedeutung sind. Ich danke allen Feuerwehren, Firmen und Fotografenkollegen, die ihre Fotos für dieses Buch zur Verfügung gestellt haben.
Claus Schunk, Aying
(bfm) Pressestelle Berufsfeuerwehr München
(ffgrä) Freiwillige Feuerwehr Gräfelfing
(ffnbg) Freiwillige Feuerwehr Neubiberg
(ffnrd) Freiwillige Feuerwehr Neuried
(ffosh) Freiwillige Feuerwehr Oberschleißheim
(ffotn) Freiwillige Feuerwehr Ottobrunn
(ffuhg) Freiwillige Feuerwehr Unterhaching
(gbr) Günter Braun, Oberschleißheim
(hjp) Hans-Joachim Profeld, München
(hjs) Hans-Jürgen Stiehl, Frankfurt am Main
(hpo) Archiv Hermann Popp, Pullach im Isartal
(ipp) Max-Planck-Institut für Plasmaphysik, Garching
(mag) Archiv Magirus, Ulm
(metz) Archiv Metz, Karlsruhe
(oha) Oliver Hartenberger, Fürth
(ohu) Olaf Huth, Hamburg
(rih) Richard Höchtl †, Oberschleißheim
(sem) Stefan Eschenbeck, München
(tdo) Thomas Dotzler, Berlin
(ube) Udo Beck, Ampfing
(udp) Udo Paulitz †, Duisburg (Archiv Feuerwehrmuseum Bayern)
(unibw) Uni BW Feuerwehr Neubiberg
(wfiak) Werkfeuerwehr IAK Haar
(wfmbb) Werkfeuerwehr MBB-IABG Ottobrunn
(whe) Werner Heeg, München
(wro) Wolfgang Rotter, Ulm
Alle Fotos ohne Fotografen-Hinweis in der Bildunterchrift stammen vom Autor Klaus Fischer, Ottobrunn.

Literaturangaben

Bayerisches Landesamt für Statistik (Hrsg.): Statistik kommunal Landkreis München. Fürth 2021
Bayerisches Landesamt für Statistik (Hrsg.): Einwohnerzahlen am 30. Juni 2022. Fürth 2022
Biemer, Dirk (Hrsg.): Sammelwerk Deutsche Feuerwehrfahrzeuge. GeraMond Verlag, München 2005-2010
Deutscher Feuerwehrverband (Hrsg.): DFV Jahrbuch 2021. Versandhaus des Deutschen Feuerwehrverbandes, Bonn 2021
Eckelkamp, Sven: WalkAround & InAction Faun Feuerlösch-Kfz 3000 – 3500 – 8000. Dio Factory, Bad Laer 2022
Fischer, Klaus: Löschgruppenfahrzeuge LF 8. Huss Medien Verlag Technik, Berlin 2003
Fischer, Klaus: Löschgruppenfahrzeuge LF 16. Huss Medien Verlag Technik, Berlin 2005
Fischer, Klaus: Das große Feuerwehr Typenbuch. GeraMond Verlag, München 2007
Fischer, Klaus: Feuerwehr Typenbuch 1970-1989. GeraMond Verlag, München 2009
Fischer, Klaus: Feuerwehr Typenbuch 1990 bis heute. GeraMond Verlag, München 2009
Fischer, Klaus: MAN Feuerwehrfahrzeuge 1. Verlag Podszun-Motorbücher, Brilon 2017
Fischer, Klaus: MAN Feuerwehrfahrzeuge 2. Verlag Podszun-Motorbücher, Brilon 2018
Fischer, Klaus & Rotter, Wolfgang (Hrsg.): Sammelwerk Deutsche Feuerwehrfahrzeuge. GeraMond Verlag, 2010-2016
Friedrich, Klausmartin: Wasserwerfer bei deutschen Feuerwehren. In: Feuerwehrfahrzeuge 2023 Das Jahrbuch. GeraMond Verlag, 2023
Gihl, Manfred: Geschichte des deutschen Feuerwehrfahrzeugbaus - Band 2. W. Kohlhammer Verlag, Stuttgart 2000
Hagemann, Georg Stefan: EADS Werkfeuerwehren in Deutschland. Motorbuch Verlag, Stuttgart 2006
Herterich, Otto: Vereinheitlichung der Geräte und Fahrzeuge des Feuerlöschdienstes. In: Deutscher Feuerschutz 1/1944
Landkreis München (Hrsg.): Lebensraum Landkreis München. Stephan Heller Verlag, München 1985
Landkreis München (Hrsg.): Stadt Land Fluss 150 Jahre Land um München rechts und links der Isar. Schiermeier Verlag, München 2012
Landratsamt München (Hrsg.): Auf einen Blick: Der Landkreis München in Grafiken & Zahlen. München 2021
Profeld, Hans-Joachim: Die Feuerwehr München und ihre Fahrzeuge bis in die 60er Jahre. EOS Verlag und Druck, St. Ottilien 1997
Rotter, Wolfgang & Thorns, Jochen: Feuerwehrfahrzeuge auf Flughäfen in Deutschland. Verlag Podszun-Motorbücher, Brilon 2002
Rotter, Wolfgang: Magirus Feuerwehrfahrzeuge 2; Verlag Podszun-Motorbücher, Brilon 2017
Soltau, Günter: Der Fliegerhorst Neubiberg. Aviatic Verlag, Oberhaching 2005
Festschriften, Broschüren, Jahresberichte und Internetauftritte der Feuerwehren im Landkreis München.
Jahresberichte der Kreisbrandinspektion München zu den Kreisfeuerwehrtagen

Verzeichnis der Fotos

Bereitschaftspolizei Hubschrauberstaffel Neubiberg: 238
BGS/ Bundespolizei Fliegerstaffel Süd Oberschleißheim: 237, 238
BtF Airbus Ottobrunn: 35, 116, 180, 205, 224
BtF BR Bayerischer Rundfunk Unterföhring: 64

BtF Farben Huber/MHM Michael Huber München Heimstetten: 126, 148, 184
BtF Fritzmeier Helfendorf: 131
BtF Infineon Neubiberg: 176, 181
BtF Max-Planck-Institut für Plasmaphysik Garching: 133
BtF Merck Schuchardt Hohenbrunn: 149, 204
BtF Siemens / EADS / Airbus Unterschleißheim: 67, 78, 226
Betriebslöschgruppe FSM Fernsehstudio München Unterföhring: 62
Fliegerhorst Neubiberg / Bundeswehrfeuerwehr Fliegerhorst Neubiberg / UniBW Neubiberg: 229, 230, 231, 232, 233, 234
Fliegerhorst Schleißheim: 229, 231, 235
Bundeswehrfeuerwehr Muna Hohenbrunn: 236
FF Altkirchen: 66, 69
FF Arget: 56, 62, 83, 137
FF Aschheim: 33, 38, 40, 49, 73, 99, 106, 113, 123, 136, 145, 157, 175, 186, 192, 196, 211, 221, 222
FF Aying: 46, 49, 176, 179, 207
FF Badersfeld: 50, 55, 66, 86
FF Baierbrunn: 24, 26, 43, 65, 80, 81, 93, 137, 141, 157, 159, 166, 174
FF Brunnthal: 34, 46, 58, 101, 109, 135, 205
FF Dingharting: 74, 84, 125, 127
FF Dornach: 72, 94, 115, 207
FF Ebenhausen: 50, 53, 81, 106
FF Feldkirchen: 88, 93, 142, 143, 171, 172, 190, 197, 198, 223, 225
FF Garching: 32, 36, 71, 114, 158, 189, 219, 222
FF Gräfelfing: 21, 30, 35, 52, 113,117, 122, 131, 137, 144, 146, 160, 165, 178, 200, 204, 209
FF Grasbrunn: 47, 50, 68, 78, 92, 115, 128, 184
FF Grünwald: 12, 93, 130, 167, 189, 204
FF Haar: 26, 54, 58, 77, 85, 90, 96, 112, 133, 138, 144, 146, 155, 165, 180, 190, 195, 201, 202, 212
FF Harthausen: 53, 76, 82, 116, 118, 143, 224
FF Heimstetten: 35, 40, 64, 111, 138, 211
FF Helfendorf: 15, 81, 102, 130, 140, 221, 223, 225
FF Hochbrück: 20, 44, 141, 197, 199
FF Höhenkirchen: 35, 46, 80, 102, 107, 175, 178, 201, 208
FF Hofolding: 26, 31, 36, 49, 75, 88, 109
FF Hohenbrunn: 4, 31, 36, 77, 100, 116, 139, 174, 187, 202, 207
FF Hohenschäftlarn: 72, 79, 104, 209
FF Ismaning: 14, 29, 48, 105, 124, 135, 152, 155, 164, 192, 196, 201
FF Kirchheim: 90, 111, 163, 208
FF Neubiberg: 13, 16, 19, 43, 54, 57, 59, 98, 111, 122, 135, 173, 175, 180, 193, 208, 225
FF Neufahrn: 55, 74, 95
FF Neuried: 40, 61, 121, 147, 161, 170, 174, 204, 209
FF Oberbiberg: 83, 88
FF Oberhaching: 46, 63, 70, 138, 180, 195
FF Oberschleißheim: 7, 16, 20, 29, 32, 34, 39, 57, 91, 94, 113, 134, 136, 138, 140, 153, 158, 163, 190, 193, 203, 206
FF Ottobrunn: 2, 13, 16, 22, 25, 28, 69, 87, 97, 107, 132, 138, 142, 145, 150, 164, 169, 178, 179, 188, 191, 198, 201, 206, 213, 217, 220, 223, 224
FF Planegg: 31, 32, 34, 53, 77, 91, 95, 114, 118, 120, 203, 214, 215, 218
FF Pullach im Isartal: 9, 13, 22, 35, 54, 59, 60, 61, 66, 105, 123, 130, 144, 146, 154, 162, 194, 198, 210, 220
FF Putzbrunn: 20, 46, 54, 95, 177, 202, 204
FF Riedmoos: 63, 86
FF Sauerlach: 43, 78, 110, 129, 192, 210
FF Siegertsbrunn: 17, 47, 56, 84, 138, 168, 169
FF Straßlach: 58, 107, 133, 139
FF Taufkirchen: 32, 33, 71, 92, 102, 147, 161, 168, 179, 180, 182, 189, 194, 201, 213, 216, 218
FF Unterbiberg: 57, 64
FF Unterföhring: 26, 32, 72, 104, 136, 158, 195, 212, 225
FF Unterhaching: 18, 35, 45, 54, 86, 89, 99, 114, 119, 134, 154, 176, 183, 202, 203, 213, 216, 217, 224
FF Unterschleißheim: 24, 32, 39, 51, 54, 99, 123, 124, 145, 159, 166, 180, 185, 186, 199, 204, 215, 217, 218, 219, 221, 224, 225
Ikarus Luftsportclub Oberschleißheim: 152
Kreisbrandinspektion München-Land: 30, 41, 182
US Air Force Airfield Neubiberg: 229, 230
US Army Airfield Schleißheim: 236
Verkehrsfliegerschule Schleißheim: 235
WF TUM Technische Universität München Garching: 27, 29, 37, 59, 108, 120, 151, 152, 160, 179, 182, 210, 215, 226, 227, 228
WF Bavaria Film Grünwald: 48, 60, 134, 141, 152
WF BKH Bezirkskrankenhaus / IAK kbo Isar-Amper-Klinikum Haar: 25, 26, 45, 71, 92, 101, 172, 173, 174, 176
WF GSF/Helmholtz-Zentrum Oberschleißheim: 8, 28, 74, 103, 110, 126, 156, 162, 181, 183, 184, 205, 228
WF MBB-IABG / EADS-IABG/IABG Ottobrunn: 23, 25, 27, 38, 75, 100, 118, 119, 128, 129, 142, 143, 148, 151, 154, 160, 167, 179, 202, 205, 222, 227
WF Linde Pullach: 42, 46, 128, 149
WF Elektrochemische Werke Höllriegelskreuth/Peroxid/Degussa/United Initiators Pullach: 26, 28, 97, 126